图解创意木工制作

裴溧 李振飞 等 著

人民邮电出版社

北京

图书在版编目（CIP）数据

图解创意木工制作 / 裴溧等著. -- 北京 ：人民邮电出版社，2013.7
ISBN 978-7-115-31905-0

Ⅰ. ①图… Ⅱ. ①裴… Ⅲ. ①木制品－手工艺品－制作－图解 Ⅳ. ①TS65-64

中国版本图书馆CIP数据核字(2013)第127443号

内 容 提 要

　　本书精心选取了多个木工器物的制作实例，从结构设计、材料选择和处理、工件加工、整体组装，到最后的表面打磨和涂装，分步实际操作，每个步骤均有详细的图片演示，并配以文字说明，读者可以了解每个实例器物从材料到成品的完整加工过程。为了便于理解，书中还穿插介绍了一些木工基础知识。本书的内容设置很好地实现了引领入门和激发兴趣的创作目的，适合木工爱好者阅读。

◆ 著　　　　裴　溧　李振飞　等
　　责任编辑　毕　颖
　　责任印制　焦志炜

◆ 人民邮电出版社出版发行　　北京市崇文区夕照寺街 14 号
　　邮编　100061　电子邮件　315@ptpress.com.cn
　　网址　http://www.ptpress.com.cn
　　北京市雅迪彩色印刷有限公司印刷

◆ 开本：787×1092　　1/16
　　印张：13　　　　　2013 年 7 月第 1 版
　　字数：309 千字　　2013 年 7 月北京第 1 次印刷

定价：59.00 元

读者服务热线：(010) 67132692　印装质量热线：(010) 67129223
反盗版热线：(010) 67171154

前言

木工技术是大家都熟悉的已经存在了几千年的技术，人类学习木工技术的历史几乎就是学习使用工具的历史。原始人在把石头制成石斧后，接下来就是找一根木棍把它和石斧绑在一起，使之成为更加行之有效的工具，或者用锋利的石头切削木头，做成其他武器、或者任何需要的器物。长久以来，木工技术都是地球上任何种族都掌握的一项基本的技术。正因为如此，我们长期以来都认为木工是一门职业，而不会把它和休闲联系起来。

工业革命给世界带来了机器，使生产效率飞速提高。这促使几乎所有的传统手工艺都产生了巨大的改变——无论在生产效率还是在生产质量上。从那时起，类似木工这样的手工艺已经不是多数人需要掌握的基本生活技巧，因为任何东西都可以买到，可以通过商业行为取得。

但是，人们似乎不愿意放弃这门技术，很多人还是愿意在闲暇的时候拿起原来的工具，再找找生活的乐趣，这就是现代业余木工的起源。

现代业余木工俱乐部（Woodworking Club）及其相关活动在欧美拥有近半个世纪的发展历史，在社会层面中分布相当广泛，从普通老百姓到中产阶级再到富人阶层、明星甚至总统，几乎每个男性公民都会使用工具并且可以制作不同难度的木质作品。而在亚洲，因为日本传统手工艺保留最为完整，因此也是现代木工休闲活动开展最成熟的国家。韩国和中国台湾地区也都在21世纪初开始引进这种休闲方式并且迅速发展。

现代业余木工活动是一种富有乐趣和挑战的活动，不但过程充满智慧和技巧，最后的作品也会使人得到极大的满足，如果操作者的技术精湛、设计巧妙，其作品更可以产生很高的经济价值。

现代木工技术来源于古代木工技术但不拘泥于古代，加之计算机设计软件和现代木工工具的普及且操作简单，使得任何没有受过专业训练的普通人在短期内就可以掌握基本的设计技巧和工具使用方法，并可以独立完成大部分家具或者其他木质器物的设计和制作。

在国内，现代业余木工活动也在近几年悄然流行起来，这得益于"木工爱好者论坛"（www.zuojiaju.com）的建立以及北京木工俱乐部的设立。通过网站的交流以及在木工俱乐部的实践，越来越多的人感受到了业余木工的乐趣，也纷纷建立了自己的个人木工工作室，木工DIY正在吸引着这些勤于动脑、乐于动手的人们以自己的方式享受生活的乐趣。

目录
CONTENTS

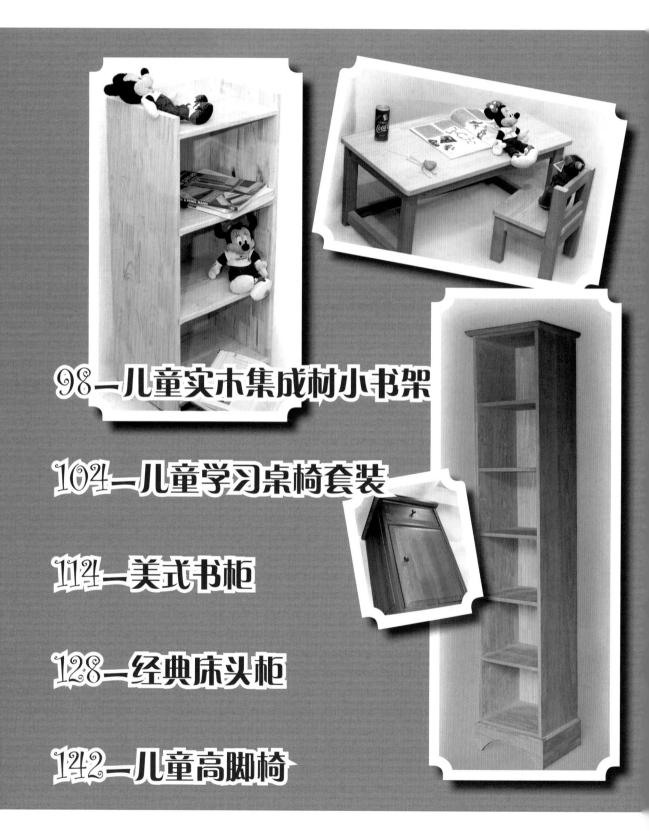

乡村风格相框

这是一款简洁、朴素的乡村风格的相框，其结构以及制作都非常简单。

初学者利用几种基本的木工工具，在几个小时之内就可以做好一个。如果同时做上几个也只会多花上1个小时左右而已。

制作相框是训练以下几种木工技艺的有效途径。

1. 制作方料。

2. 做直角连接或者45°拼接直角连接。

掌握了这些基本的方法，您就可以自己创造出更多更有个性的相框样式，亲自动手装点自己独具特色的家居环境。

本篇的制作实例中，我们仅仅采用了两种不同颜色的木材拼接在一起，用不同颜色的材质实现了丰富简单作品的目的。当然您也可以使用不同颜色的涂装或者干脆手绘上各种花纹——随心所欲的创造，才是DIY的精髓！

●分解爆炸图

从爆炸图中我们可以轻易地看出，这个相框就是4片同样宽度和厚度的木片简单地啮合拼接在一起。

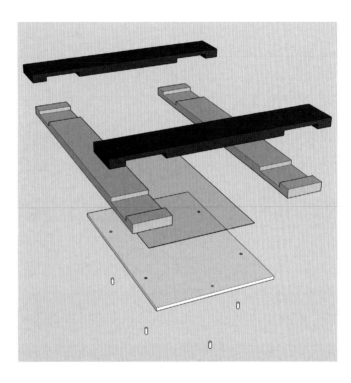

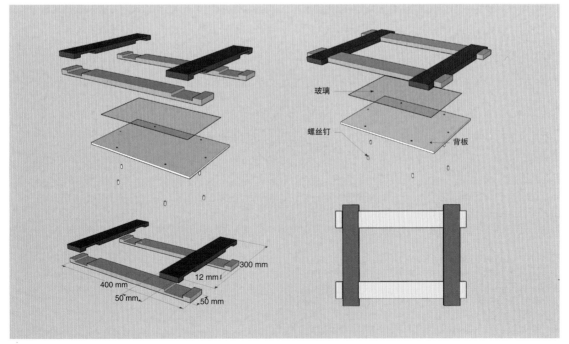

玻璃

螺丝钉

背板

300 mm

12 mm

400 mm

50 mm

50 mm

●材料与工具准备

越是小的作品越是要选择硬实木木材，这样才能体现材料的质感，给不大的作品带来视觉上的美感。因此我们选用红色的巴西花梨木著作为相框的长边框，而短边框使用浅色的硬杂木。

使用到的主要工具是平刨（Planner）和台锯（Table Saw）。当然完全使用手动工具也同样可以完成，只是需要更多的时间和更高的手工技术。

●制作步骤

下料

根据上页图的尺寸，红色花梨木400mm×50mm，浅色杂木300 mm×50 mm。 板材厚度都是12 mm。用直尺在原料上画出需要的长度和宽度。

然后用台锯精确切出需要的长度。注意锯片要压着尺寸线的外延切下去才能保证尺寸的准确。或者使用带有激光指示线的台锯更能保证切割的准确性。

TIPS

1. 尽量选择落叶林木材，因为这类木材相对质地坚硬，打磨上漆后能得到更好的视觉效果。

2. 操作任何电动工具前都要确认自己已经掌握了工具的使用方法，并且不要忘记带上护目眼镜。

3. 平刨和台锯是木工工具中最容易出安全事故的工具，请一定使用推板把持工件。提高警惕，开机操作前提醒自己：安全操作是保证不出任何事故的最好办法。

1

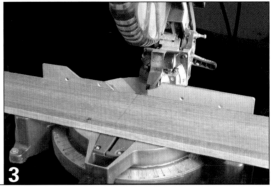

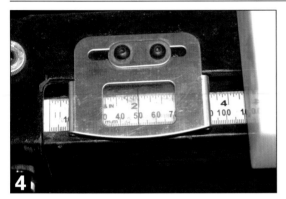

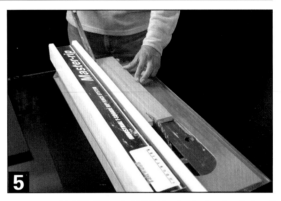

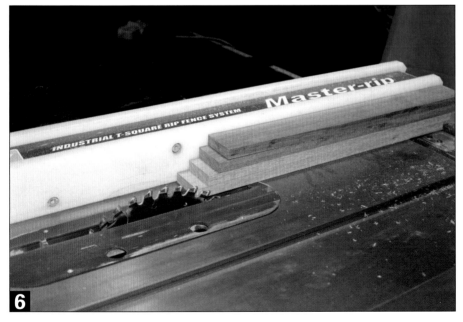

接着设定台锯的标尺到50 mm，用台锯把4根板材都切割成50 mm宽备用。注意操作台锯的安全，切记戴上护目镜以及使用辅助推板来推工件。

最后根据设计尺寸来修整每块材料，只有精确的、方正的原料才可以保证拼接后达到严丝合缝的效果。

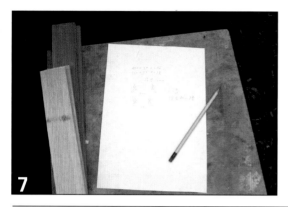

开槽

　　根据您要安放的照片的大小，可以自行设计开槽的位置和深度。这里我们选用A4打印纸大小的照片作为实例。您也可以用实际的照片比一下，看看实际的效果是否符合比例。

　　然后就可以按照设计的尺寸在板材上用直角尺画出要开槽的准确位置。同样尺寸的板材应该摆放在一起同时画线来保证尺寸的一致性。并且您可以用实际的板材来确定开槽的宽度，这样比测量后再画线来得简单而准确。

　　在要去掉的部分做好标记，就可以准备开槽了。

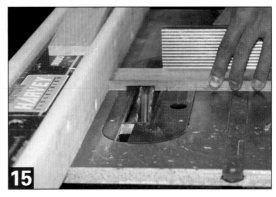

开槽时，您可以选择传统的手工锯加凿子制作，也可以使用更简单快捷的台锯加开槽锯片（Dado）来实现。

手工开槽时先使用榫锯沿着画好的线的内延垂直锯下，直到设计好的槽的深度。然后再使用凿子小心地一点点地将不需要的部分剔掉。

使用台锯加开槽锯片会提高效率，并且更容易保证槽的精度。

开好一个槽后可以试着拼装一下，看看是否还需要做微调来确保槽的精度。

TIPS

在制作多块尺寸和开槽位置相同的部件时，我们经常把工具设定为一个参数后，对所有板材进行相应的操作。然后再换成另一个参数，再对所有板材进行操作。这样做的好处是可以保证所有相同参数的部件加工都是严格一致的，不会因为每次调整的误差而造成部件之间的误差。

组装

所有的8个槽都完成以后，要把所有部件在不涂胶的状态下试着连接起来，看看哪里还有需要调整或者制作失误需要修改的地方，这个过程我们称之为"干连"。干连并且调整保证4个角都是直角后，就可以打磨、涂刷，以及进行最后的涂胶安装了。

为保证平整度，打磨时尽量使用电动砂纸机或者手持砂纸板。先用100目砂纸顺着木纹的方向打磨一遍，去掉醒目的划痕和粗糙部分，再用220目或者320目砂纸做精细打磨。

17

调好您选择的涂料或者颜色，就可以涂装了。因为我们选择的木材本身就有不同的对比颜色，因此，这里只是使用透明木蜡油（或者清漆）就可以达到很好的效果。用软布均匀地在工件上涂抹木蜡油，一般木蜡油涂刷两遍就可以达到最好的效果。当然要等第一遍干透以后经过打磨才能再涂抹第二遍。一般木蜡油干透需要12小时或者更长时间。而使用清漆就需要喷涂3遍或者更多。每遍都要等漆完全干透，打磨后，再上另外一层。待第一遍木蜡油/涂料干透以后就可以上胶做最后的安装了。

把胶均匀涂抹在要黏合的部位，两面都要涂胶，用榔头固定位置并且用F夹紧固。在安装过程中溢出的胶水可以在它还没有干之前用湿布擦掉。按照您使用的黏合剂说明中的指定时间，用F夹紧固所有黏合的部位，直到胶干透为止。

20

21

乡村风格相框

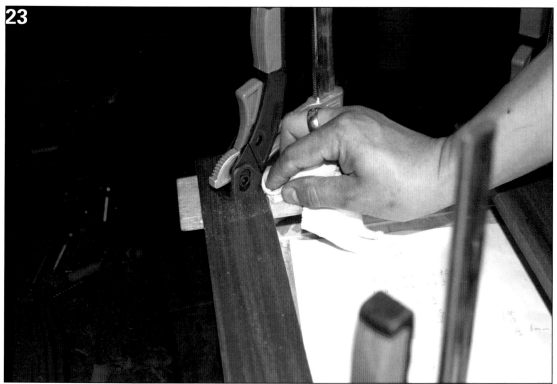

生活手记·从DIY开始

之后，把事先准备好的玻璃板，以及比玻璃板尺寸稍大的夹板或者密度板安放在相应位置。用铅笔画出需要安装相片卡口的位置，并安装卡口。

最后，我们可以再次涂刷一遍木蜡油或者油漆。完成后的相框无论是挂在客厅还是放在卧室都是一件不错的装饰品。而且，它是您自己动手完成的。

本制作步骤如图1~图27所示。

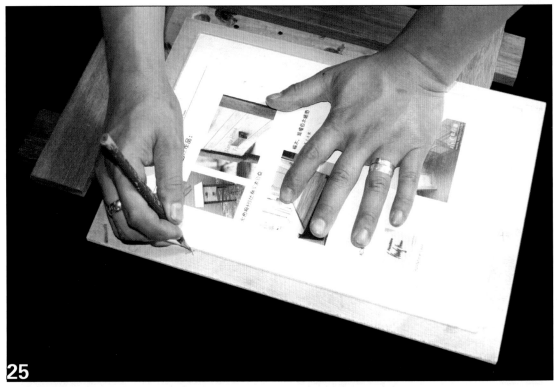

乡村风格相框

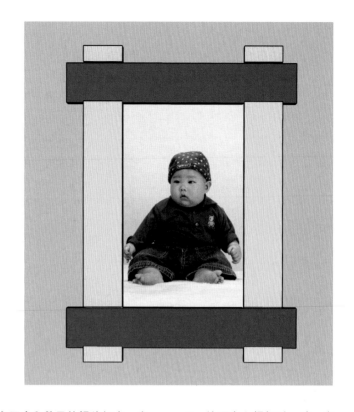

● **难点解析**

制作这个乡村风格相框的难点在于4个边框拼接得要严丝合缝。无论您使用台锯还是手工锯来制作，都要通过试验调整到精确的尺寸再下锯操作。如果使用台锯来完成的话，那么同样尺寸的部件使用同样的工具参数设置，就是关键的因素了。

● **技能小结**

通过这个作品我们主要学习到了下面几个技术。

1. 台锯宽槽（Dado）锯片的使用。宽槽锯片（Dado Saw Blade）是一种多片不同厚度锯片组合在一起的锯片，您可以随意选择任意厚度和数量的锯片组合。这样就可以简单地一次锯出您想要的宽度的槽。通常Dado锯片是用来开宽槽（Dado tenon）的。

2. 使用同样的工具参数设定来制作所有同样尺寸的部件是木工DIY中常用的方法，可以保证制作的一致性和简便高效。

3. 给硬木上螺钉时，请一定要预先用沉头钻打螺钉预制孔。否则强行拧紧螺钉会很容易涨开木材，造成不必要的损失。另外，大部分人造板材在同一个位置的螺丝只能拧紧一次，如果需要卸下螺丝重新安装，请最好在安装时变更螺丝孔的位置。

藏在河马肚子里的U盘

这是一个DIY木工最经常做，也最有乐趣的项目——那就是把现有的物品包装上或者更换成木质的。家里使用的任何东西几乎都可以改装成木质的，甚至是手提电脑这样复杂的电子产品的按钮都可以用木头雕刻出来。

现在，我们用一个简单的例子来阐述如何实现这样的想法。您可以触类旁通，把身边各类物品都用好看的木头来装点。

从下面的分解图您可以看出来，我们仅仅简单地把U盘"埋"在两片木头之间就可以实现这个完全个性化的作品。

● **分解爆炸图**

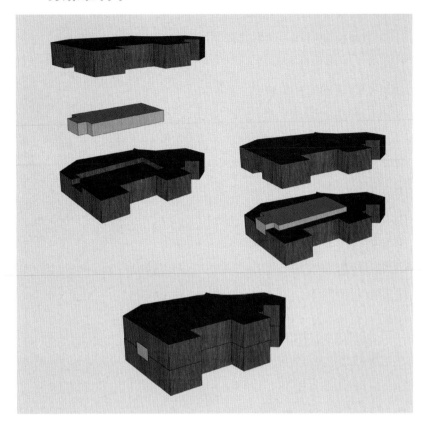

从上图可以看出：制作步骤非常简单而清楚。首先做出两块形状完全一样的木头，然后在木头中间挖槽把U盘装进去，最后把两片木头粘起来就好了。至于具体的尺寸完全取决于您的U盘的大小，还有您选择的形状。

● **材料与工具准备**

硬木的纹理和色泽最适合做这类装饰化的改装。这次我们选择的是一小块制作其他作品时切下来的黑胡桃"废料"。材料大概有10 cm长、6 cm宽，厚度在2 cm左右。恰巧我们还有一个外壳损坏了的U盘，正好给这个U盘换个别致的外套。

这个作品主要使用的工具是带锯或者台式曲线锯，以及手工木凿刀、锉刀和若干砂纸。

带锯：因依靠旋转的带状金属锯片锯切材料而得名。带锯条相对台锯要薄很多，而且更换不同宽度的带锯条可以实现剖板（把板材对开为两半）和锯切一定弧度的曲线。

台式曲线锯：通常安装非常细小的锯条做往复上下运动。主要在制作镂空雕刻以及短距离内有较大弧度变化的工件时应用。

▲ 台式曲线锯

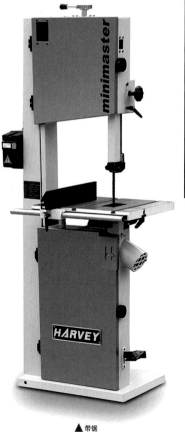

▲ 带锯

TIPS

带锯根据怀深（锯片到左边立柱的距离）的不同分为很多型号，从9英寸（合22cm）到30英寸（合76cm）甚至更大。

一般DIY使用14英寸（合36cm）或者16英寸（合40cm）的就足以满足大部分的应用需求。当然尺寸越大，机器的功率越大，能安装的锯片越宽，可以加工的木料的尺寸也相应提高。

藏在河马肚子里的U盘

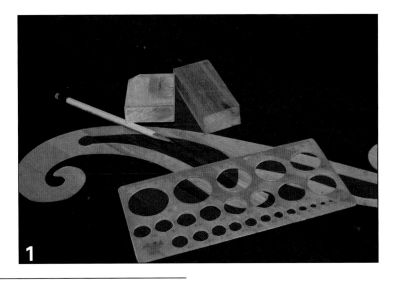

1

2

●制作步骤

首先把木料表面打磨大致平整待用。在白纸上按照木料的大小开始设计图案。

注意充分利用各种曲线尺，用它们可以方便地画出美观的圆弧、各种多边形，甚至椭圆来。设计并画好图案后，用剪刀剪下，贴在准备好的木料上，等待几分钟直到胶水凝固。

3

用带锯或者曲线锯沿着白纸的轮廓把图案锯下来。注意，直的或者长的边尽量用带锯切下，在带锯施展不开的地方才使用曲线锯。比如在我们这款案例中，"河马"的肚子部分就只能用曲线锯锯下来。

把切好的木料夹持到木工桌上。木工桌是做木工活使用的工具桌，各种木工操作都需要借助它来完成。夹持木料时，最好使用木工专用的台钳，以保证工件不会被夹坏。夹持固定好以后，接下来就可以进行细致的打磨，去除锯痕并把形状打磨完美。

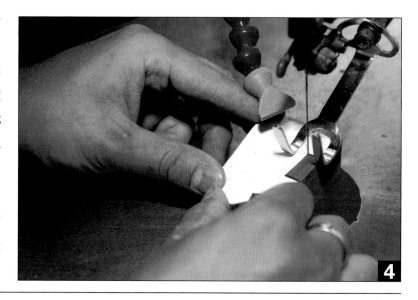

小作品的打磨讲究的就是精细，这是一项考验细心和耐心的工作。这里我们用到了几把手工锉刀以及一套锋利的凿子。

打磨好以后，就可以使用带锯把整块的"河马"从中间剖开。

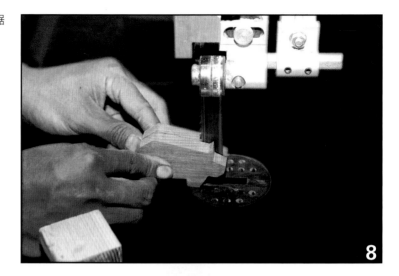

8

9

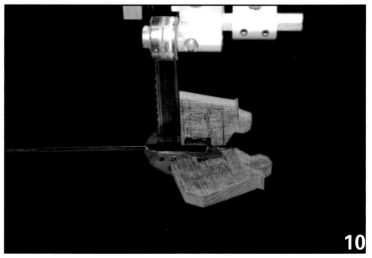

10

现在，可以把拆出来的U盘电路板拿到"河马"身上确定要开槽的位置。槽的大小和电路板相当，每片木料上所开槽的深度是整个电路板厚度的一半。用凿子慢慢地剔除不要的部分。注意不要一次剔除太多，免得把槽剔得过大或者过深，合上以后会影响美观和稳固性。

然后把两片木料的结合面打磨平整。

在两片木料结合处均匀地抹好胶，把电路板放到槽里，再用木工夹把两片木料加紧。

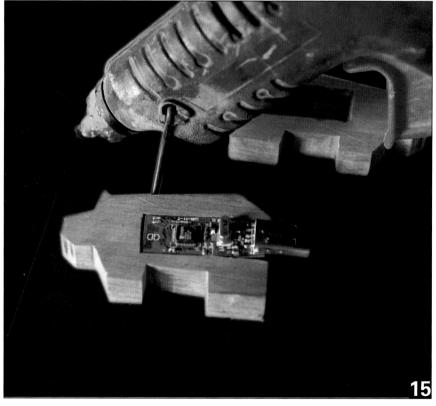

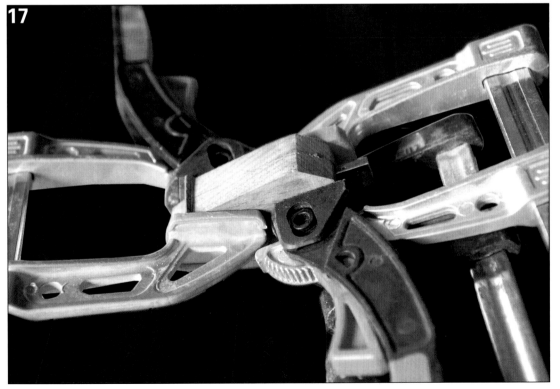

1个小时以后，就可以做最后的打磨上漆工作了。使用320目、600目、800目的砂纸分别仔细打磨，要把粗砂纸刮出来的痕迹都磨掉。然后用透明清漆或者木蜡油涂刷。因为我们使用的是黑胡桃木，透明涂装可以凸显木材本身诱人的色泽和纹理。

本例制作步骤如图1~图17所示。

不只是U盘的外壳可以做成木头的，正如我们在本篇开头说过的，家里的任何东西都可以用木材来加以装饰，这会给您带来意想不到的效果以及与众不同的感觉。比如，给瑞士军刀换一副红木柄，或者自制一支木头圆珠笔等。

● 难点解析

对于初学者来说，熟练地掌握带锯和曲线锯的操作是需要时间来练习的。建议多找几块废料，随便地锯切几个图形，多做做练习。掌握了推进的力度以及拐弯的角度就可以熟练地锯切任何形状图形了。

● 技能小结

通过这个作品我们主要学习到了下面几项技术。

1. 带锯、曲线锯的功能和使用方法。带锯和曲线锯的操作都没有什么危险性，尽可以放心大胆地多多练习。熟练地掌握带锯和曲线锯的使用技巧，仅仅靠这两个工具也可以制作出很多别出心裁的作品。

2. 要锯切两块百分之百一样的工件时，最好的方法就是先做出一个完整的坯件，然后从中间剖开。或者把两块原料黏合或夹持在一起同时进行切割和打磨。这样才能得到最满意的效果。如果做曲线的无缝拼接，也可以使用同样的技术来实现。

针线盒

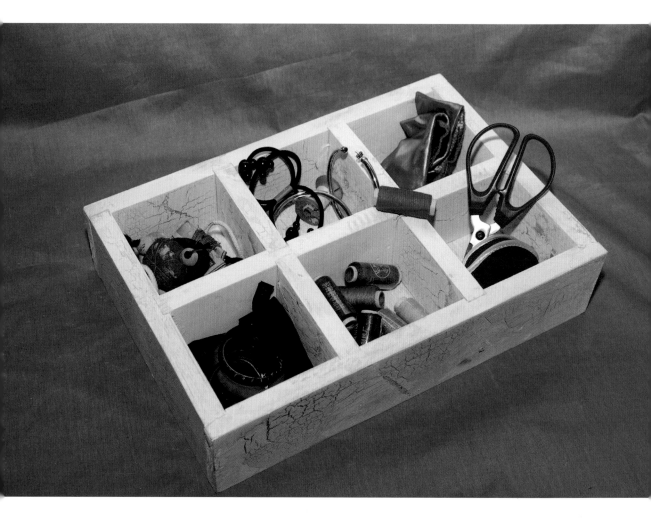

这是一个练习直角连接的简单例子。在这个项目中，我们既要制作丁字型榫接，也要接触到十字型榫接；在安装底板的时候还要开槽把底板镶嵌上去；当然，为了美观，我们同时也花了很大的精力在外观的喷涂上，用裂纹漆做出仿旧的效果。

首先让我们通过分解爆炸图来构建一下盒子的整体结构。无论很小的针线盒或者是很大的衣柜，我们都要遵循的原则是：首先要规划好整个项目的结构，然后是各个部件的连接方式，再次是每个单独部件的结构以及连接方式。您可以把您的设想画成简单的草图，看看结构是否合理，是不是有承重的问题，是不是有影响美观的地方，以及最后的涂装是什么样子的。只有在制作前就想好了每个步骤，以及所有步骤的制作顺序，才能做到准确和快速地实现您的设计。

● 分解爆炸图

首先来看看最后完成的效果图。

从上图可以看到我们的设计是：板厚都是19 mm的集成材。盒子的总体尺寸是376 mm（长）×257 mm（宽）×80 mm（高），一共分为6个格子，每格的尺寸都是100 mm×100 mm。

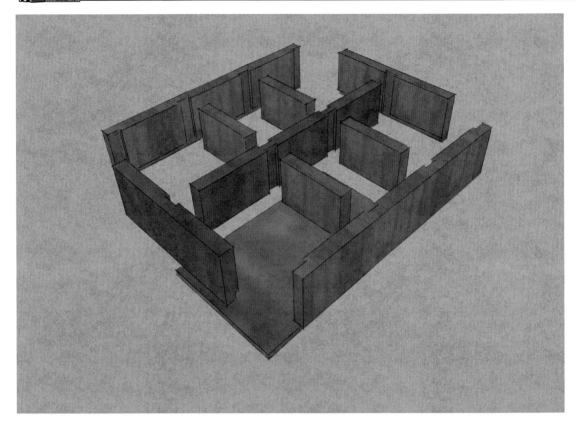

从上图看出，盒子的外框用半榫+胶连接；中间的隔断全部使用槽榫+胶连接。半榫以及槽榫的优点是增加了黏合面积，给连接的板子提供了更稳固的连接结构。从制作工艺方面看，使用台锯+ Dado就可以简单快速地完成槽榫和半榫的制作，因此也是DIY爱好者常常使用的一种连接方式。这两种连接主要应用于直角连接。当然，如果掌握好榫卯的角度，槽榫和半榫也可以做各种角度的连接。

底板的镶嵌就更加简单了。设计上仅仅是在4个外框上开出和底板一样厚的槽，把底板严丝合缝地嵌进去就行了。

● **材料与工具准备**

因为完成后我们还要进行做旧效果的涂装，因此可以选择较为经济的材料，例如松木集成材。集成材是一种使用大量小块的原木材拼接打磨成的板材。相对于夹板和各种刨花板、密度板而言，集成材使用了接近100%的实木材，并且直接生产成多种不同尺寸和厚度的平板，便于快速地加工制作成各种家具，近年来逐渐成为各种板式家具或者需要大面积平板制作的首选材料。

这个项目的主要电动工具就是台锯+ Dado锯片。

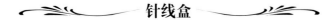

● 制作步骤

裁板

首先我们挑选出3块20mm厚的松木集成材作为针线盒侧板和中间隔板的材料。另外，用一块360mm×260mm、厚度为9mm的樟木集成材作为底板材料。

因为使用的是集成材，省去了对原料的刨光、拼板等初步处理，大大节省了制作时间和工序。

根据图纸的尺寸，我们先用台锯把所有板材按照尺寸直接切割下来。这里需要注意的是，我们设计好半槽和榫槽的深度都是10mm深、20mm宽。因此侧板中较短的两块的尺寸应该是257mm-10mm×2=237mm，而中间分隔块的宽度就应该是100mm+10mm×2=120mm。

切好的板材可以干连一下看看效果。

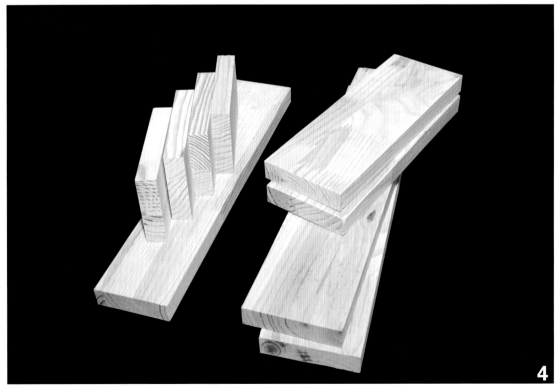

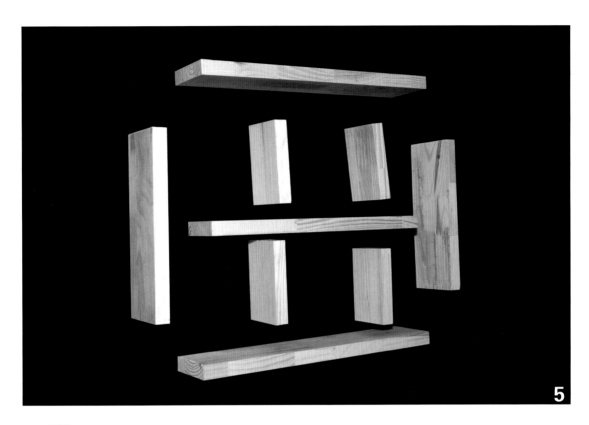

5

开槽

首先，用一块切下来的边角料来调整Dado的宽度和深度。如果板子插到槽中不松也不紧就是正好合适的宽度。

6

然后，就可以给每块板子开槽了。为了制作方便，在操作台锯时，每个槽的宽度和深度尽量使用一样的设置。

当然，因为底板的厚度是9mm，容纳底板的槽的尺寸和其他榫槽尺寸不同。

做完所有的榫槽后我们就需要考虑涂装了。

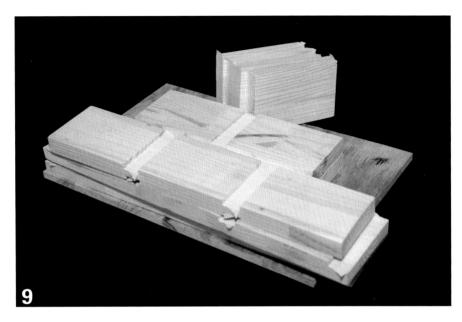

9

涂装

根据设计，我们要实现做旧效果的裂纹漆风格。裂纹漆是一种市面上可以买到的特种油漆。直接用裂纹漆涂刷后就可以简单地实现非常自然的开裂效果。

10

市售的裂纹漆主要都是硝基裂纹漆。在涂刷裂纹漆之前需要先用普通硝基漆做一遍底漆。只有在底漆上喷涂裂纹漆才能很好地实现自然的裂纹效果，而底漆的颜色就是漆面裂开后裂纹里呈现的颜色。所以，我们可以根据自己的喜好和整体设计来规划底漆及裂纹漆的颜色。

根据硝基漆及裂纹漆的涂装操作规范，底漆涂刷后要至少让漆面干燥3~24小时再喷涂裂纹漆。

因此，在开完槽之后我们就需要喷涂底漆了。在喷涂底漆之前，先用美纹纸或者透明胶带把榫槽部分贴起来，防止漆喷到要黏合的部位影响黏合效果。

11

这里我们调配的底漆颜色是黄色（关于调色的方法请参考本套图书之涂装篇）。因为是底漆，对最后效果要求不高。我们既可以用刷子刷涂，也可以用喷罐喷涂。注意涂刷时漆要调得稍稀一些，顺着木纹的方向单向刷涂，而不要在木板表面反复拖拉。

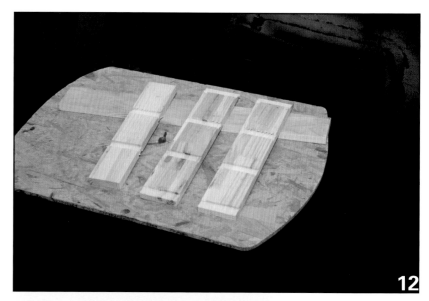

12

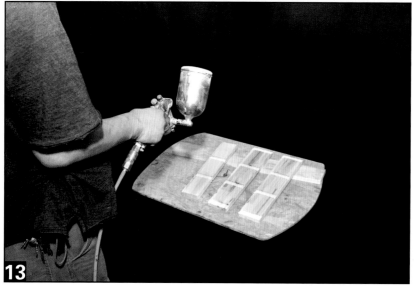

13

组装

大概2小时后，检查一下底漆，如果表面已经干了，就可以进行组装的工作。我们还是要做一下干连，检查没有什么缺陷后就可以涂胶组装了。

14

涂胶时，可以借助小刷子在榫槽内把胶涂抹均匀。当然用手指也是可以的，毕竟任何工具都没有人的手指灵活。

先把外框组合在一起，然后再把底板嵌在开好的槽里。使用木工夹或者直接用气钉枪把盒子固定起来，等待木工胶凝固。使用气钉时，只须在每个结合面打入两三颗气钉即可，气钉只起到固定位置的作用，并不是固定结构的连接件。

最后，检查盒子上是否有不平的地方，若有可用手刨稍做修整即可。通常这样的修整应该在上漆之前做，但是我们这里涂刷的只是底漆，接下来会被白色裂纹漆完全覆盖，因此，可以在涂刷底漆后再修整，即使会刨掉部分底漆，但对最后效果没有任何影响。

大概1小时后，木工胶干透，用320目砂纸把盒子稍加打磨，再进行最后的装饰步骤——白色裂纹漆的喷涂。

硝基裂纹漆一般无需稀释或者仅仅用很少量的硝基稀释剂调和。实际上不掺加稀释剂的裂纹效果更理想，但是稀释有助于节省原料。

18

19

20

21

裂纹漆刚刚喷上的时候并不会开裂，漆面开始干燥的过程就是开裂的过程，约5分钟后，您如果仔细观察甚至可以看出漆面在慢慢地裂开。

当漆面开裂后底漆的颜色就能呈现出来，漆面显现出因日久天长而陈旧开裂的样子。

本例制作步骤如图1~图23所示。

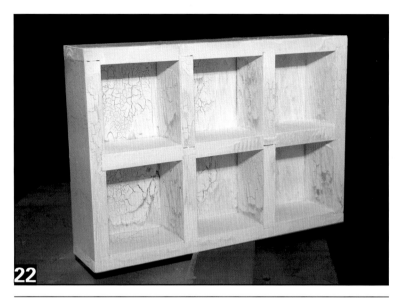

22

TIPS

1. 裂纹漆有各种颜色供选择。底漆和面漆的选择因人而异，但是明显的颜色对比是基本原则。因为裂纹漆是硝基漆的一种，因此底漆也必须使用硝基漆和硝基稀释剂。底漆可以手工刷，而裂纹漆最好喷涂，否则很难达到自然开裂的效果。

2. 裂纹漆要想裂得自然就要喷得厚一些。裂纹漆的单位喷涂量大概为普通硝基漆的2倍是比较合适的。

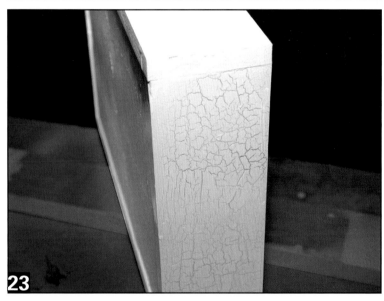

23

●难点解析

如果不考虑最后的喷漆操作，对于初学者来说这个项目的难点是如何计算每块部件的尺寸。

初学者在计算每块部件的尺寸时，往往忘记把板厚、榫槽的厚度计算进去。实际上对于有经验的爱好者，这两个尺寸也常常被忽略。所以您在做设计的时候就要把板厚和榫槽的厚度设计好并且计算进去。

●技能小结

通过这个项目，我们主要练习了半榫、榫槽连接的制作。半榫和榫槽通常在需要做直角连接或者十字连接的时候使用。这种榫接制作简单，结构牢靠，是木工制作中经常使用的一种榫接。

同时，我们也初步学习了裂纹漆的基本使用技术。不断地学习新的技术并且应用到传统的工艺上才是现代木工精神的体现。

长满铅笔的树

木工制作有很多不同的分支，大家最熟悉的可能是家具制作，除此之外，还有木工雕刻、木模型制作等。本章内容涉及的木工车制品也是现代DIY木工一个内容丰富的分支。仅仅用木工车床就可以创造出无数绚丽多彩的木质作品。

下面的木碗就是使用两种不同颜色的木块经过设计、拼接后车制而成。

我们用一个简单的车制项目来向大家阐述木工车床的基本操作。掌握了这些基本的方法就可以触类旁通,自己设计、制作出更好的作品。

首先让我们通过下图来看看要制作的这个儿童树型笔插。它的树干是车制的锥形,上面开有若干分布不规律的孔。把铅笔或者彩色画笔插在孔里面就好像树的枝杈。这就是整个作品的设计思路。

●分解爆炸图

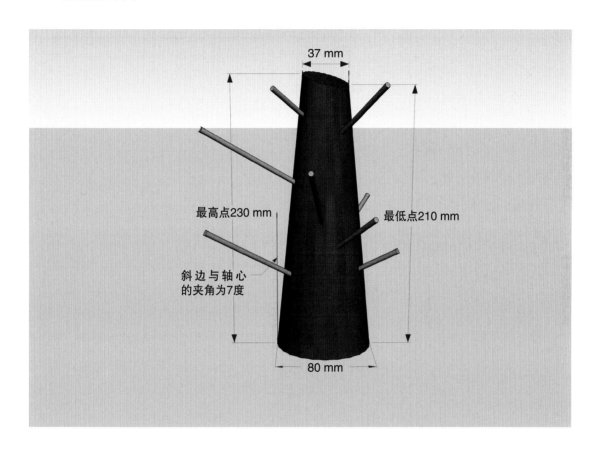

上图给出了树型笔插的尺寸设计。您可以根据现有的材料以及自己的喜好更改这些尺寸。所有的"树杈"都是成一定角度向上倾斜的。

●材料与工具准备

这个作品用到的材料仅仅是一块80mm见方、长度大约250mm的硬木方。至于您用什么木材都没有太大的问题,只要不是松木或杉木类的软木或者其他不适合车制的木材即可。我们选择的是一块北方常见的榆木。

木工车床当然是最主要的工具，其次是打孔的时候会用到台钻以及一个现场制作的辅助夹具。

适合家庭DIY使用的木工小车床及配件。

TIPS

木工车床与常见的金工车床工作原理一样——都是先把工件夹持在车床上，用高速钢刃具切削高速旋转的工件来实现各种圆形的制作。所不同的是，金工车床刀具都是固定在刀架上自动或手动给进，而木工车床需要操作者手持刀具，靠手持刀给进或位置变化来车出各种形状。

车床常用的配件有以下几种。

卡盘：用来夹持工件。卡盘根据爪型的不同有很多款型，操作者需要根据自己的夹持方式选择相应的爪型。

锥柄钻夹头：可以夹持小直径的工件或者插在尾锥孔中开同心孔。

十字顶尖：大部分的车制品都可以用十字顶尖配合尾顶尖来夹持。

搁刀架：给车刀提供一个支点。搁刀架可以任意方向调整以适应不同形状的作品。

中心架：在车制细长作品或者不能使用尾顶尖的情况下可以用中心架给工件提供一个稳定的支点。

延长床身：可以增加车床加工工件的长度。

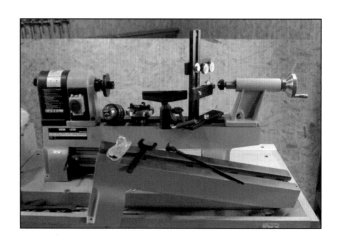

● 制作步骤

大部分情况下，为了方便在台钻上操作，圆形或者圆柱形上的孔或者其他造型都是在车成圆（柱）形之前就做好的。但是这个树型笔插却不能先开出插笔的孔，因为这些孔应该是随机地位于圆锥形的任意位置。如果我们在树干还是长方体的时候就开孔的话，虽然可以简化操作，但是所有的孔都是有规律地分布在4个面上，即使车成了圆锥形，孔的分布还是会看得出有4个面，很不自然。

因此，我们必须借助辅助夹具，在车好的圆锥体上打出有一定倾斜角度的孔。

一般车圆柱或者圆锥形，只要工件直径不小于十字顶尖都可以简单地用十字顶尖配合尾顶尖来夹持工件。在固定十字顶尖前，先要在工件上找出圆心。可以用在工件一端的截面上划两条相交的对角线的办法来找出圆心的位置，然后在原料上用铅笔标记出车制的大概形状并且区分开底部和顶部。

1

长满铅笔的树

接下来，用榔头把十字顶尖的4个爪砸进木头里面，然后固定在车床上，并且调整好搁刀架的位置。

先用大圆刀把方木车成圆柱形，再根据图纸尺寸逐渐车出圆锥形。有了大概的形状后就可以换圆弧刀做细加工来实现设计尺寸。

4

5

用卡尺分别测量圆锥底部直径和顶部直径是否和设计一样。如果一样就可以挪开搁刀架，用320目砂纸粗打磨一下圆锥体表面。

下面我们就来制作一个专门的倾斜夹具，依靠它配合台钻来实现向上倾斜的笔插孔的制作。用几块边角料很快就做出一个类似支架的夹具（我们这里使用的是澳松板边角料）。把工件靠在上面就和垂直线形成固定的角度。转动工件就可以改变开孔位置，前后移动工件就可以改变孔的倾斜角度。

好了，现在把圆锥放在夹具上开孔。随机地在圆锥上开出若干直径为8 mm的圆孔。越靠近树干底部，开孔应该越深。

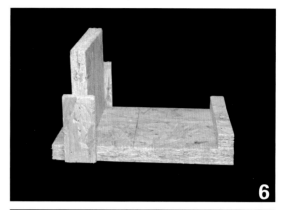

6

7

8

　　然后，把"树干"夹回车床上，用扩孔钻给开好的
孔倒角，并依次用320目、600目的砂纸仔细打磨，直
到孔的边缘光洁圆滑。

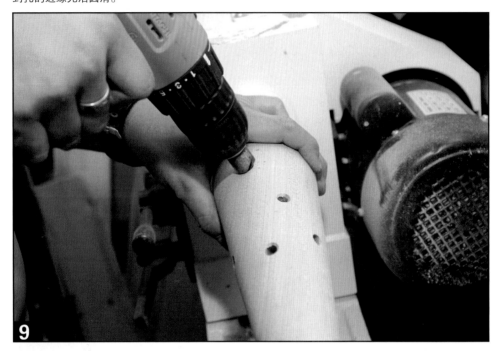

打磨工件、上漆或者上蜡的工作也可以在车床上完成。

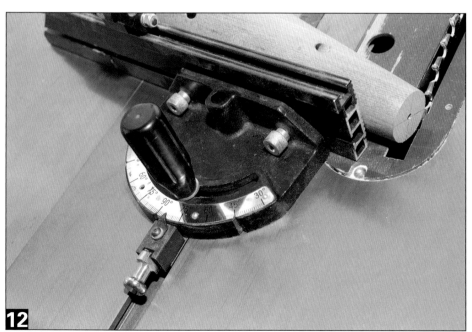

11

12

最后，为了增加"树干"的立体感，还要在顶端切出一个斜面。利用台锯角度推板设定一个角度，平直地锯过去，就可以在工件上得到一个完美的斜面。

13

14

长满铅笔的树

品味生活·从DIY开始

我们来插上彩色铅笔，一个精美、简洁的树型笔插就做好了。

本例制作步骤如图1~图14所示。

TIPS

在车床上打磨工件是一件非常轻松的事情。您可以用一小条砂纸从下面兜住工件，打开车床开关，利用工件的旋转，快速、轻松地完成所有打磨工作。

●难点解析

如何在圆形工件上打孔是这个项目的难点。正如我们前面提到的，您可以在工件没有被车成圆形之前就打好孔。可是，如果设计不允许这样，而圆柱体又很难稳定在一个平面上进行打孔，这时，就需要制作一个夹具来固定工件。我们通常会用两个半圆形的夹具来固定圆柱体，就好像放置毛笔的笔架一样，两个凹槽就可以解决圆柱在平面上滚来滚去的问题。

●技能小结

通过这个项目，我们学习了车床的原理、配件的构成以及车床的基本操作。车床操作简单，需要的工具和配件并不复杂。车床最主要的工具就是车刀，一般的车刀都是用高速钢制成，带有一个很长的便于手持的木

把。同时，要学会恰当地利用搁刀架，在工作的时候能给刀具提供一个合适的支撑。

木工车刀根据用途和车制的形状不同有很多的样式。一般市售的套装刀具可以满足大部分的木工制作应用。通常套装刀具都包含以下基本刀型：

大圆刀——用来粗车成型；

小圆刀——用来精修成型或者倒圆角；

剑头刀——可以刻槽或者画线；

斜刃刀——精车、抛光；

圆弧刀——修直线或者车球形。

在熟练掌握了上面几种基本车刀的能力并且能灵活运用后，只要您开动脑筋、细致操作，一定能创造出更多更有艺术性的作品来。

开放式床头柜

使用"顶尖"辅助开圆木榫孔连接是一种制作简单家具的实用方法。实际上，圆木榫是一种制作方便、适用性很强的连接部件，广泛应用于现代木工制作。如果使用功能更加强大的辅助定位器，我们甚至可以只用圆木榫连接来制作一个非常复杂的家具作品。

下面我们就以题图这个简洁的移动式床头柜为例，演示如何用圆木榫制作复杂、长距离的连接。大家已经知道，圆木榫连接最重要的就是精确定位，而下面讲到的圆木榫定位器就是一个能很好解决这个问题的辅助工具。

● **分解爆炸图**

在具体制作之前还是先来看一下爆炸图。

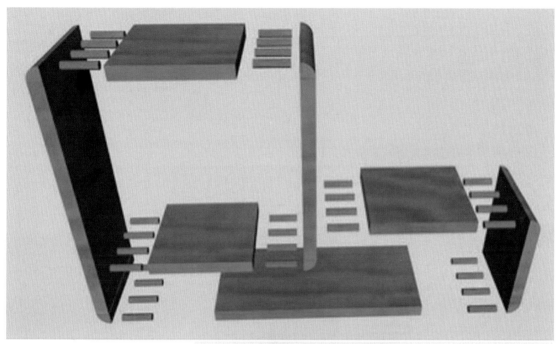

由图可以看出，我们的设计是每组板之间的连接由4个8 mm的圆木榫来完成。这里除了两组连接是中间连接以外，其他都是边缘连接。"中间连接"是指两块板子的连接位置在其中一块板子的中间，而"边缘连接"是指两块板子的端头连接在一起。相对来说边缘连接更容易操作，而中间连接因为定位困难要稍微复杂一些。

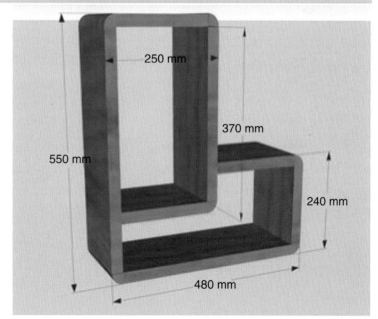

根据设计尺寸，柜子主体高55 cm，下部最宽处宽48 cm。左上方的长方形空格设计放普通杂志，下面的扁格放置小开本书籍或者光盘，右部形成的平台可以放置一个小饰品。所有板子的宽度都是180 mm，厚度都是25 mm。

从爆炸图还可以看出床头柜所有的直角部分都设计成圆角。这样既有美观、顺滑的线条，又可以起到保护作用——既保护家具的锐角不会损坏，也可以避免孩子碰到锐角造成伤害。

● 材料与工具准备

我们选择非洲奥古满作为主材。当然您也可以根据您的喜好选择其他木材，甚至贴面人造板也是很好的选择，只是需要增加封边工序。

除了处理实木材必须用到的平刨、压刨、台锯以及开孔用的电钻，这个项目最重要的一个辅助工具就是圆木榫定位器，还有铣圆边需要的雕刻机以及圆弧铣刀。

圆木榫定位器是一个专门设计用来在板子任意位置 同时精确定位一个或多个圆木榫榫孔位置的辅助工具，它同时还可以给手电钻提供一个垂直于板面的钻孔支撑。

我们可以看到，定位器有长短两根，每根上都有若干固定间距的定位孔。每根定位器都可以单独使用，两根组合在一起也可以打双排榫眼。操作时您只须把定位器固定在您需要打孔的地方就可以了。定位器侧面的挡片用来调节定位器在板材端面的相对位置。

首先把定位器用F夹固定在要打榫孔的板材端面上，调节挡片数量以微调榫孔位置；然后调整好限位圈位置，依照定位器上的榫孔导孔打榫孔。榫孔的数量可以按照设计自行决定，基本的原则就是连接面上榫孔平均分配。定位器上每两个榫孔中心点相距16 mm。最后打好的榫孔分布如下图所示。

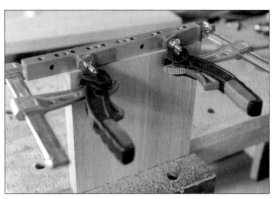

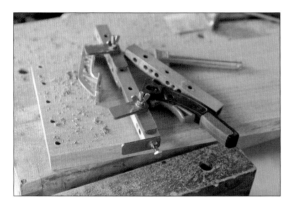

在打与这块板相连的对位板的榫孔时，需要使用同样的挡片设置以及同样的榫孔位置，并且端头挡片也要对称——这样才可以保证打出精度非常高的对称榫孔。

TIPS

使用定位器时仍然需要钻头限位圈，榫孔的深度以把钻头插到圆孔后，钻头伸出定位器的长度为准。

●制作步骤

1. 下料

首先，使用平刨和压刨把足够长的原木板四面刨光。然后，按照设计尺寸切成相应长度的7片。每片都要保证同样的宽度和厚度。因为我们使用圆木榫连接，所以在切割的时候不必考虑榫口的长度，只要保证所有的接缝都是同一个方向就好。这里我们选择接缝是竖着的。

我们把下好的料干连一下，这样可以清楚地看到床头柜的横竖比例，如果最初设计不合理，现在更改还来得及。

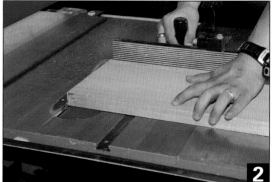

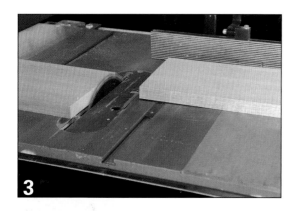

2. 开榫眼

使用定位器在所有圆木榫连接处开出相应的榫眼，需要注意的就是使用定位器时要保证榫眼位置的对称。

所有的榫眼都开好了，注意开榫时要用符号标出对称的榫眼以便于后期的安装。

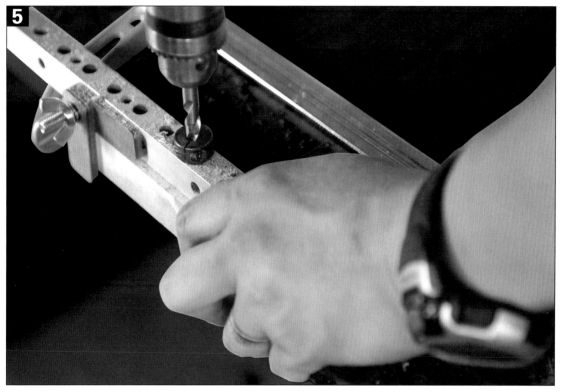

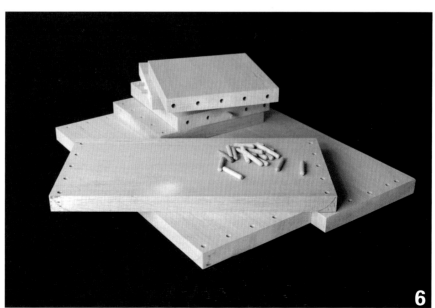

这时，再次干连作品，检查所有榫眼是否都打得足够深，位置正确无误，同时还要标出需要铣圆角的部位。

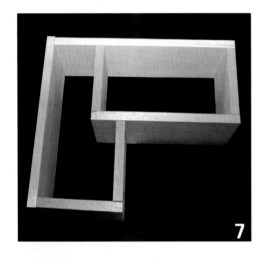

7

9

8

3. 铣圆角

在涂胶黏合之前，还有重要的一步，那就是把直角连接处铣成圆角。首先，我们选择合适的雕刻机或者修边机，安装上相应的圆弧刀，调整好高度。如果您还不放心，想看看铣边的最后效果，请找一块相同厚度的边角料做几次试验，就可以确定铣刀高度的设置了。

确定好高度后，把标记好要导圆角的部位都铣成圆角。

最后，还需要用320目或者更高目数的砂纸把所有板面打磨干净，手感要平整和光滑。

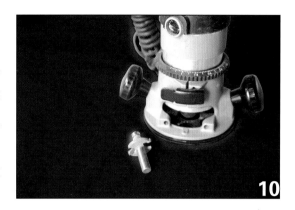

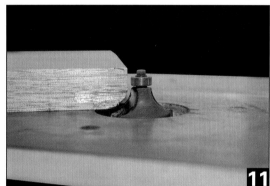

4. 组装

组装前，我们需要插上木榫再做一次干连。确定没有任何问题后就可以涂胶组装了。

当然，足够数量的夹具是您做家具所必须的。相对来说，管夹的力量比F夹更大，夹持范围可以随意调整。

经过一夜的时间后，胶水已经完全干透，卸下夹具让我们看看床头柜的初步样子。

15

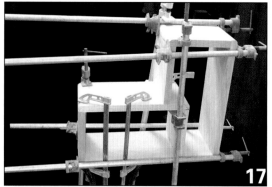

17

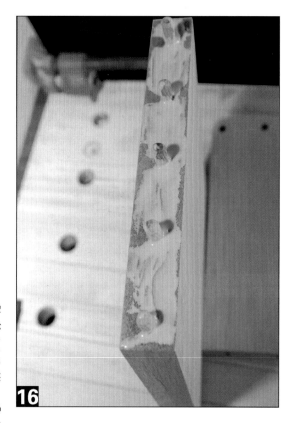

16

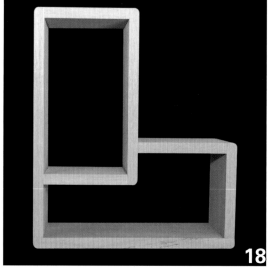

18

5. 涂刷

这个床头柜的设计是全绿色油漆涂装。首先上一遍底漆，起到封闭木材孔洞的作用。

待底漆干透后，用透明腻子修补所有的钉眼、接缝处，并且打磨干净。

在等待腻子干透的时候，我们就可以开始调配绿色的油漆了。因为我们选择的是硝基清漆，所以要使用相应的硝基色精。

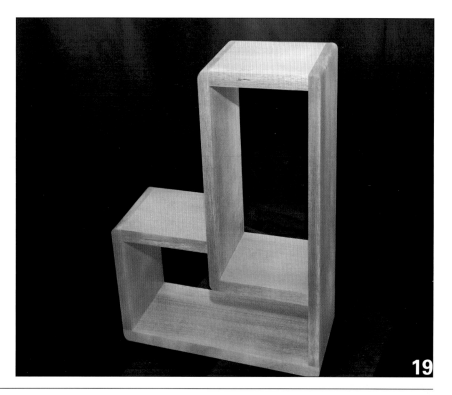
19

20

21

22

把适当的绿色色精混合到已经稀释好的硝基清漆中，均匀搅拌。然后用白色纸条检验一下配出来的颜色是否符合您的要求。如果不是您理想的颜色，可以再加入色精来加重颜色，或者兑入清漆来稀释颜色。

配好颜色后就可以喷漆了。

23

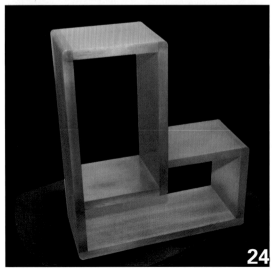

24

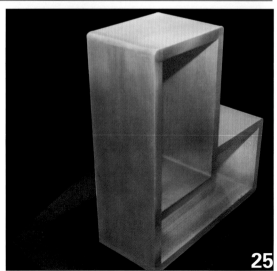

25

开放式床头柜

6. 安装脚轮

硝基漆可以在很短的时间内达到表干，但是真正干透还是需要大约一天的时间。待油漆完全干透后，就可以进行最后一步——安装脚轮了。

如果需要床头柜能自由地转动，就需要至少两个万向轮和两个固定轮。安装脚轮非常简单。使用的工具仅仅是手持电钻和小钻头，用以开预制螺丝孔。

本例制作步骤如图1~图30所示。

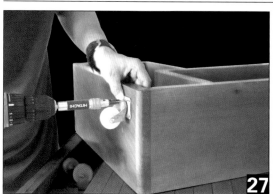

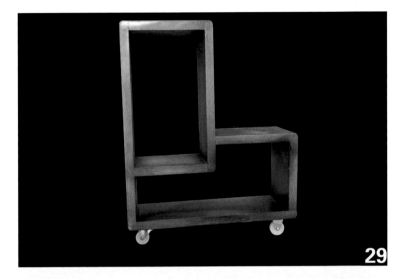

29

30

开放式床头柜

TIPS

1. 使用倒装雕刻机铣木材时，材料的移动是有方向性的。如果我们铣的是材料的外缘，那么请将材料以铣刀为轴逆时针旋转；如果铣的是材料内缘，请顺时针旋转材料。

2. 为了防止铣到材料末端时出现"崩边"的现象，我们可以用一块废板子垫在主材末端，就可以有效地减少末端蹦边现象。

● **难点解析**

这个项目的难点就是如何给板子精确地打榫孔。手工画线的方式误差较大，如果您能熟练地使用定位器，那么无论怎么复杂的圆木榫连接都可以用定位器简单地完成。

● **技能小结**

学会熟练地运用定位器后，您能非常高效地做出精确和稳固的圆木榫连接。在使用定位器时应该注意的要点有以下几点。

1. 一定要保证定位器的摆放方向的一致性——也就是定位器的端头挡片要靠在两块连接在一起的板子的同一侧。最简单的、最不容易出错的方式是打完第一块板子的榫孔后不要拿开定位器，而是把另一块板子按照正确的位置摆放在定位器上，分别扭动3组挡片靠住第二块板子，然后把定位器和第二块板子固定起来再打榫孔就可以了。

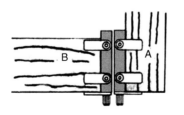

2. 如果需要打双排榫孔或者长排榫孔，可以把长短定位器并排连接起来或者加长连接起来使用。

或者在打好的榫孔中插入圆木榫作为延长定位使用。当然，只要肯动脑筋，您或许还能创造出更多更巧妙的使用方法。

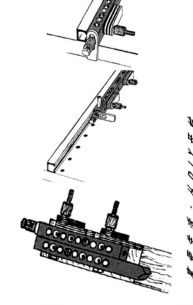

家用实木榫接踏步

手指榫是一种传统的榫接方式。如果您在制作中使用手指榫结构，不但能够给作品的结构增加强度，同时也增加了美感以及完成后向别人炫耀的资本。

正如手指榫的名称一样，这个榫接就好像十指交叉。您可以试试把十指交叉起来，是不是感觉双手连接紧密，不太容易分开？对了，手指榫连接就是根据这个原理来增加两片木头的连接面积，从而增加了榫接的强度。规律的榫接图案，也构成了木工制作工艺特有的美感。

下面我们就结合家用两节踏步梯的制作来阐述如何做出漂亮的手指榫。

● 分解爆炸图

从爆炸图可以看到，这个简单的踏步主要是由4块实木板材利用手指榫

连接起来的。另外，在关键部位还增加了3个横撑来提高整体结构的强度。

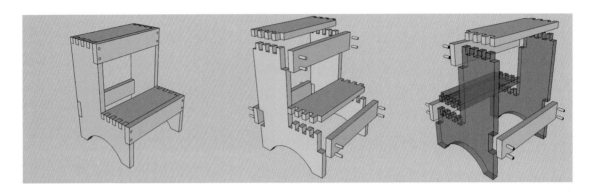

● 材料与工具准备

因为踏步是需要经常踩踏的，所以我们应该选用耐

磨的实木材料或者硬木集成材来制作，如橡木、榆木、

水曲柳等。这里我们选择的是非洲奥古满（红胡桃）。

手指榫既可以用电动工具制作，也可以纯手工制

作。这里我们主要介绍使用台锯和Dado锯片，配合自

制的手指榫辅助夹具来高效高质量地做出任意尺寸的手

指榫。另外，我们还需要用到带锯和饼干榫机。

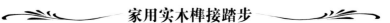

TIPS

饼干榫是一种新型的现代榫接方式。它利用橄榄球形状的扁平榫片作为连接介质，使用专门的饼干榫机在需要连接的两块板上开出榫槽，然后插入饼干榫片黏合，有效地增加了两块板黏合后所能承受的剪力。饼干榫连接主要应用在拼板应用中，即把几块窄的板子拼接成宽幅大板，例如制作桌面、台面、椅子面等。

饼干榫如图所示。

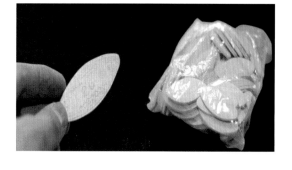

● **制作步骤**

首先按照前面项目的方法用台刨刨平板材，用台锯按照需要的尺寸下好料。

因为踏步的竖板底座部分比较宽，我们可以使用两块材料水平拼接起来。这样既可以降低材料的损耗又节省了费用，因为购买成品宽料总是比窄料价格要贵一些。

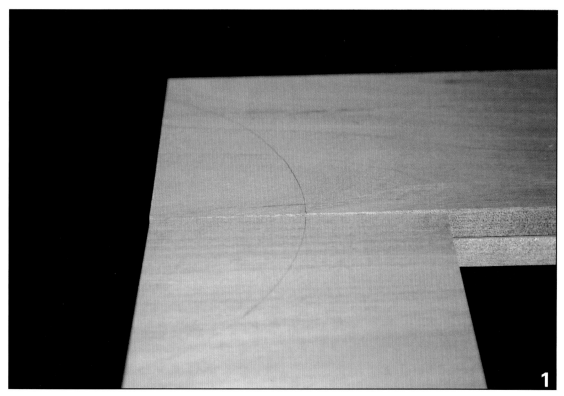

1

然后，我们可以用铅笔画出踏步腿部的圆弧。因为在把腿板拼接起来之前就锯出圆弧比起拼接后再锯切要容易得多。

接下来，我们就可以开始制作手指榫了。

首先来看一下用台锯制作手指榫的辅助夹具（Jig）的结构。

它是在台锯原有的角度推板上再固定一长一短两块横板。在横板的底部插入一个小木条，这个木条的宽度等于手指榫的榫口宽度，也等于Dado开槽锯片的厚度。而小木块距离锯片的距离也正好等于木块的宽度，也就是一个榫口的宽度。

使用时如下面图片所示，只要顺序地移动木板就可以开出规则的榫口。

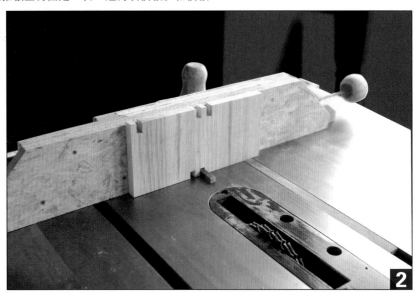

与第一块半榫接的另一块板的起始位置和第一块有所不同，这块要紧靠着小木块开始，而第一块距离小木块恰好是一个榫口的宽度。

当然，我们也可以设定好两块板的错位距离，把两块板叠起来同时锯切，这样就可以同时完成榫接的两块板的榫口了。

看看我们做好的手指榫。

顺利地完成所有的榫口后稍加打磨就可以干连一下看看效果了。

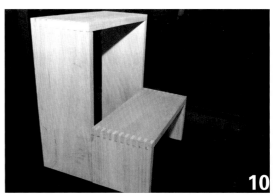

接下来就是锯切腿板的圆弧了。首先用双面胶把对称的板子临时黏在一起。然后沿着画好的弧线用带锯仔细地锯出弧线轮廓。

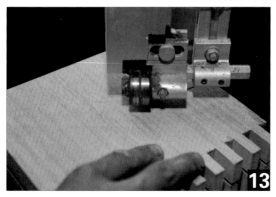

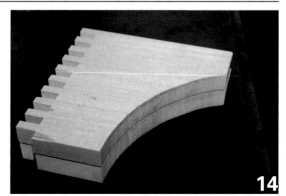

家用实木榫接踏步

用砂纸打磨光滑就可以备用了。

接下来，用台锯把踏步切除一部分以安装横撑。同时，腿板上也要用带锯开出相应的缺口。

下面就可以把腿板用饼干榫拼接起来了。使用饼干榫前应该先确定放置饼干榫的位置。把要拼接起来的板子按照实际效果摆放起来，然后用铅笔在两块板上画出饼干榫的位置。

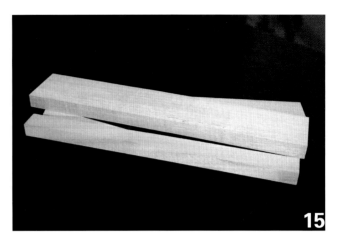

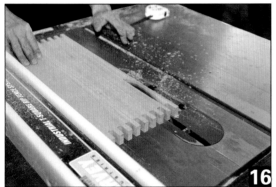

然后调节开榫机使榫口位于板厚的中间位置并锁紧，把榫口中心红线对准刚才画出的位置标记开榫即可。

开好所有的榫口后把饼干榫片涂上木工胶并放入榫口，根据事先画出的标线拼接两块板，并且用木工夹固定1个小时以上。

黏合所有部件并待其完全干透后就可以进行涂刷工作了。

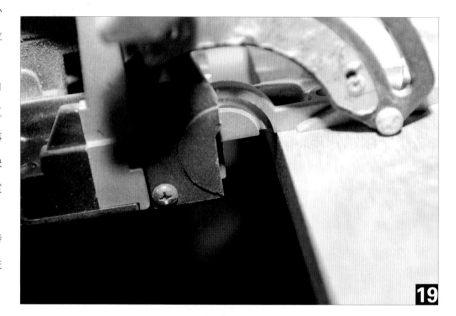

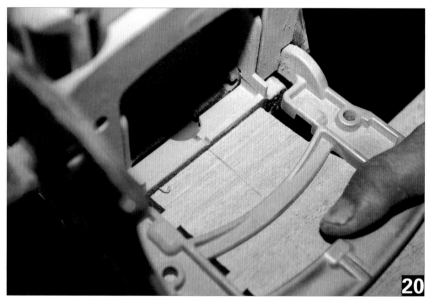

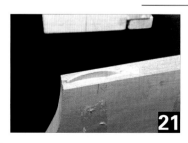

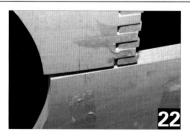

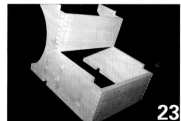

根据设计，我们将使用檀木褐色木蜡油作为踏步的外观涂装。首先，先直接涂一层褐色木蜡油来确定整体颜色。

这时我们能注意到手指榫的榫接处以及板材表面有很多小坑洞，这可能是因为锯切所导致的缺损。我们应该用腻子把这些小的瑕疵修补好，然后再涂刷第二层颜色。这就是木工制作中常用的修补技艺。

一般市售的腻子分油性的和水性的，此外，还有腻子粉、原子灰等。透明或者白色腻子是最常见的，在有些货品较全的市场上也能见到有色腻子。我们应该根据作品的涂装选择相应的腻子种类。至于颜色，可以使用色粉来调制。

加入适量的相应颜色的色粉，用腻子刀充分搅拌，如果和目标颜色有差异，可以再次添加相应颜色来调节最终效果。色粉的添加应遵循少量多次的原则，直到调出理想的色彩为止。

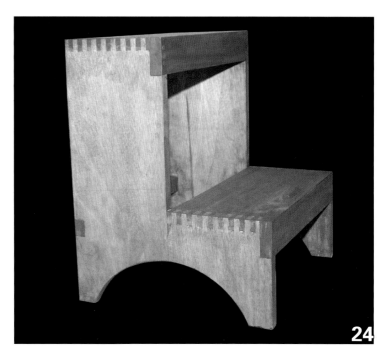

24

25

26

27

　　某些腻子或者原子灰需要加入少量固化剂来加速腻子的固化。

　　最终的颜色和我们要涂刷的颜色很接近。

　　然后用腻子刀取少量腻子，用力把腻子刮入缝隙中。之所以用力，目的就是要把腻子尽可能地压入缝隙深处。

　　大部分的腻子都需要数小时或者一个晚上来完全固化，只有等腻子完全固化以后才可以进行打磨的工作。

28

29

30

31

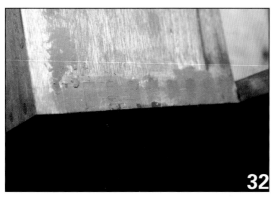

32

33

打磨后的效果如下图所示，此时所有的缝隙和空洞都被填满看不出来了。

最后，整体打磨光滑，再涂刷一遍木蜡油就完成了整个涂装的工作。

本例制作步骤如图1~图34所示。

TIPS

1. 画圆弧时，我们可以借助身边很多日常用品。例如，小的圆形弧线我们可以用圆规、硬币、光盘或者专业弧线尺；大的弧线我们可以借助锅盖甚至垃圾桶。善于利用身边的一切物品来辅助设计制作是DIY爱好者的优秀特质。这里我们就用了个大垃圾桶作为圆弧的模板。

2. 利用色粉来调制有色腻子是非常有用的技术，它既能起到很好的修补作用，又经济便宜，适合广大爱好者使用。

只要有目标颜色，在透明或者白色腻子中添加适量的各种颜色的色粉就可以调出相应颜色的腻子。色粉非常便宜，而且有多种颜色可选。

● **难点解析**

制作手指榫的Jig是个精细的过程。你需要保证所有的部件尺寸的精确。只有精确的Jig才可以制作出精美的榫接。否则您就要在制作好Jig后做多次试验和调整，直到能用Jig做出精确的榫接为止。

● **技能小结**

这节我们学习了如何用台锯、Dado开榫锯片并配合自制的夹具来快速制作手指榫。手指榫接常常用在需要各种垂直连接的部分，不但能增加黏合面积，也增加了作品的美感。当然，我们也可以用手工锯加凿子或者雕刻机来制作出同样质量的手指榫。不过比起来，用台锯是最高效的。

木材的裂缝或者缺陷是与生俱来的，如果您能熟练地调制有色腻子并使用它修补作品，将会使作品最后的外观表现出色甚至达到惊人的完美。

简约的实木屏风

这个简约的纯实木屏风设计简单、实用，造型大方又不失高雅的气质。这个实例主要是传统榫卯结构的练习。

传统的榫卯结构是让每个木工DIY爱好者神往的基本技能，一旦掌握了制作榫卯的技术后，似乎其他的连接方式都不再有艺术价值和技术价值了。确实，传统方形榫卯结构已经流传了几百年，无论国内还是国外都在普遍使用，而且也没有任何大的改变。传统方形榫卯有很多形式，最常见的如右图所示。

当然，我们也常常用到它的变形体，如透榫、半肩榫、双榫等。

在木工大量应用胶水以前，制作榫卯结构时，要求榫头比榫口稍大，两者最后连接时，需要用力将榫头敲进榫口中，靠尺寸的差距来达到涨紧的目的。现代木工技术充分利用了胶水的功能，榫头和榫口尺寸不再有大小差距的要求，而是两者尺寸要相当，连接时利用胶水来实现木材的连接。实际上，现代普通木工胶水的强度已经超过木材本身的强度，从而避免了将大的榫头敲进小的榫口时，因为操作者技术不佳或者木材不够结实等原因涨裂木材，或者随着季节的变换，本来很紧的榫合收缩甚至脱开。

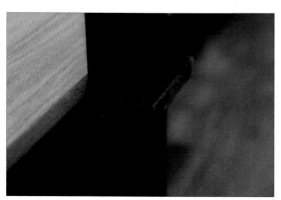

享受生活·木工DIY手册

● **分解爆炸图**

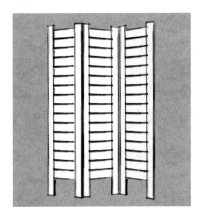

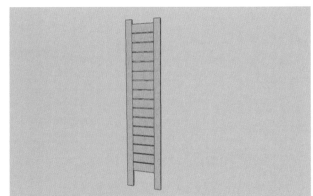

从爆炸图中可以看出，这个屏风实际由3组完全一样的结构组合而成。我们只要制作3组屏风扇，再用合页把它们组合起来就可以了。

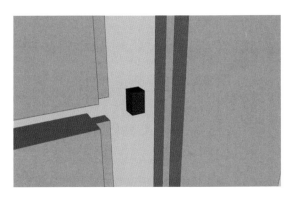

从图中我们看到，在每个屏风扇上，设计了16个横撑，而且它们的间距是一样的，所以我们可以利用现代工具实施一种"投机取巧"的榫卯制作方法：每个横撑两端的榫头还是按传统方法制作，而在开榫口时，我们使用台锯开槽锯片先开出一条连续的通槽，再准备一些长度一致的小木块作为每片横撑的分隔。这样的做法既快速，又能很好地控制横撑之间距离的精度。

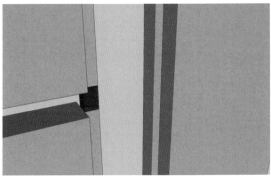

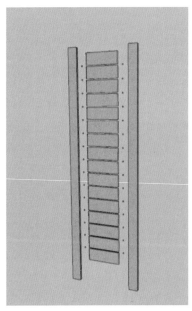

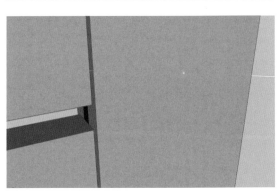

● 材料与工具准备

这里我们选择了市场上常见的非洲奥古满实木板材。奥古满又名红胡桃，就是大家常见的大芯板的实木贴面层。这种木材质地较软，板材宽度较宽，对于初学者来说更容易加工和掌握。

如同前面介绍的，加工实木有3种工具是必须的：台刨、压刨和台锯。如果您选择手工开榫卯，还需要用到凿子和手锯。

● 制作步骤

第一步，把准备好的材料用斜切锯切成需要的长度，再用平刨或压刨把材料四面刨光，并且达到设计的宽度和厚度。

准备好所有的材料并检查无误后，放在一边备用。

下面就要给竖板开槽了。因为榫槽并不是从头到尾贯穿的，所以我们必须事先标明榫槽的位置，便于操作台锯开槽时控制停止锯切的位置。

首先，在木板上用宽座角尺标出榫槽的起始位置，并且在台锯的靠山上也用铅笔画出一条线。当木板上的线和靠山上的线重合起来，说明已经到达锯切结束的位置了。

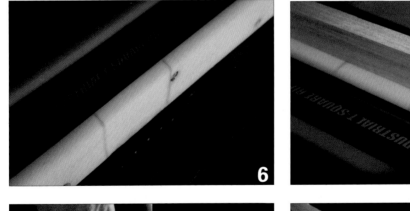

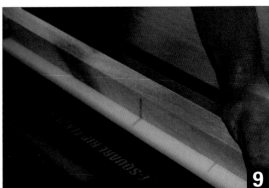

开好的榫槽应该底部平滑，宽度均匀。因为圆锯的锯片是圆的，所以，在槽的开始和结束的位置，槽底都是带有圆弧坡度的，我们可以使用手工凿子把两头的榫口修整平滑。

然后，就可以开始制作横撑的榫头了，仍然使用台锯+Dado锯片。如果您设计的榫头长度不大，可以使用通常的锯片多开几刀达到一样的效果。

所有的榫头都做完了。下一步需要准备些宽度和榫槽一样、长度与设计间隔距离相等的小木块。

10

11

12

至此，所有的材料准备工作都做好了。我们可以干连一下看看实际的效果，检查无误后就可以进行最后的组装工作。

首先拿出一根竖撑板，在榫槽中均匀地挤上木工胶水。同时，相应的榫头和间隔方块也要涂上木工胶水。

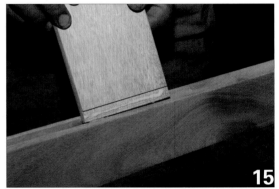

简约的实木屏风

不要忘记，每个横板之间都有一个长度一样的垫块需要同时安装组合。

以同样的操作方法把剩下的横撑都按照顺序安装好。

随后，把所有部件都组合在一起，这时离完工就已经很近了。

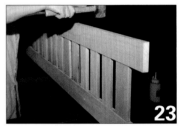

当3扇屏风扇都完成以后，就可以用合页把它们连起来了。

TIPS

测量一个长方体是否是标准的矩形，最好的方法是测量两个对角线是否一样长。如果不一样就需要做出调整。

TIPS

因为屏风扇很长，安装合页时会有些困难。我们可以用相同厚度的垫片垫在两扇之间，用夹具把它们夹起来后再安装合页，饼干榫片就是非常合适的垫片。

需要强调的是，安装合页螺丝时一定要先打螺钉预装孔，否则强行把螺钉拧进木材，往往会把木材涨裂，或者使螺钉断掉。

最后，您就可以根据自己的喜好做外涂装了。您既可以使用透明的木蜡油或者清漆，也可以像旧时屏风一样，涂上混油单色底漆（如黑色、红色），然后在上面手绘各种图案。作品的外涂装是最容易凸显每个木工DIY爱好者个性和喜好的一个步骤，因此，您一定要把握好这个机会，让您的DIY作品有自己独特而鲜明的个性和艺术感。

本例制作步骤如图1~图25所示。

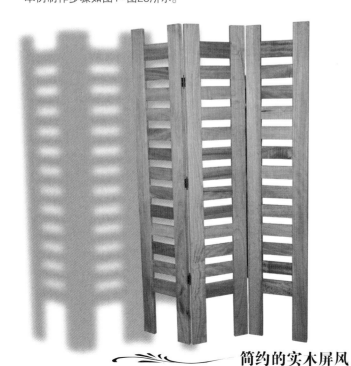

●难点解析

这个作品几乎没有什么可以称为难点的地方。唯一需要注意的就是在给竖板开槽的时候，要准确地确定好起始位置，按照书中的方法做好标记，严格按照标记线按下材料和抬起材料就可以保证几片竖板开槽位置的一致，最后再用凿子稍做修整就没有问题了。

●技能小结

本节最重要的技能或者说"取巧"的方法就是在做连续方榫连接的格栅时，可以用开连续通槽并加固定隔离块的方式来实现。这样既可以节约时间，又保证了所有榫口的一致性。这个技巧可以推而广之地用到许多家具制作中——比如儿童床的护栏，再比如直板的百叶门等。DIY的乐趣就在于开动脑筋想出各种各样的精巧办法来实现最后的目标，百花齐放才是DIY的精髓所在。

简约的实木屏风

大型框架式书架

书架是每个家庭必备的家具之一，可能您会有不同类型或者不同尺寸的好几个书架。制作书架的材料有许多种类型，可以是实木、实木板材混合，也可以是纯人造板式。书架的款式既有现代风格的简约书架，也有传统经典的美式书架，儿童书架则偏重于环保和实用。

本节要详细说明的就是简约的现代书架。由题图可以看出，简单的实木框架式支撑架加上几块层板，就组成了这个简单但是容量超大的书架。

●分解爆炸图

从爆炸图可以看出，实木支撑架由两块长竖板中间连接数块短横撑组成。两组支撑架担住几块层板，就构成了这个书架的整体结构。

●材料与工具准备

因为整个书架的受力点全都加在两组支撑架上，所以支撑架最好使用硬木实木并做榫卯连接来提高整体强度。这里我们选择较为经济的非洲奥古满（红胡桃）制作支撑架。考虑到整个书架的跨度不大，为了节省费用，并保证大面积的平板不会变形，这里选用水曲柳实木贴面的胶合板来作为层板的主材。

框架的制作主要使用台锯、平刨、压刨，以及台钻或者开榫机。制作层板仅仅使用台锯就可以完成。

TIPS

一般来说，应用大面积的薄平板时，在环保达标的前提下您可以尽量使用人造板材来制作。因为人造板材具有不易变形、制作工序简单两大优点。就中国北方来说，含水率要达到或低于10%时才能保证实木板材或者实木集成材不变形或者轻微变形，但是质量一般的实木或者集成材很难达到这个要求。因此，高质量的环保的人造板材就成为您制作书架、书柜、衣柜等需要大面积应用薄板的家具的最好选择。

这里的薄板是指厚度小于等于20mm的板材。

胶合板：就是所谓的"多层板"、"18厘板"。国产胶合板多为每层厚度一样的层压胶合板，其贴面主要都是廉价的实木皮。而在美国、日本等国家的板材市场，品种相对更丰富些，有各种厚木芯的胶合板，贴面有各种实木花纹可以选择。

●制作步骤

实木支撑架的制作

首先把准备好的材料按照设计尺寸在台锯上下料，在平刨和压刨上刨平。

支撑架的4条长腿的尺寸是2100mm×150mm×20mm。在每组支撑架上有5根短横撑，这些短横撑既起到连接作用，又是支撑层板的支架。

这5根短横撑中，中间3根使用榫槽连接；两头的短撑用传统的透榫卯连接，增加了美观性。

榫槽使用台锯+Dado开槽锯片，有了前面几章节的操作基础，这项工作显得并不复杂。

而制作传统榫卯有很多方法，这里我们仅仅阐述使用现代工具的两种方法。

1. 台钻开榫孔

首先，在要加工的板材上画好榫孔的位置和宽度，根据宽度使用相应的开孔器安装到台钻上。

在榫孔位置上依次打出若干连续的孔。

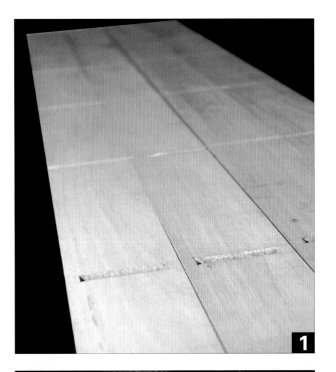

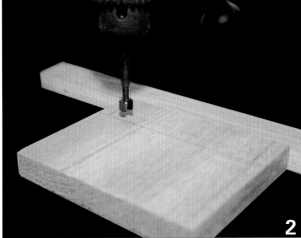

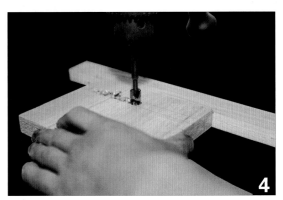

然后，用锋利的凿子和木榔头来修整榫孔，直到四

壁光滑、底部平坦、尺寸合适为止。

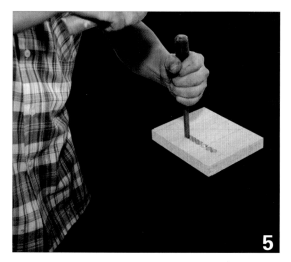

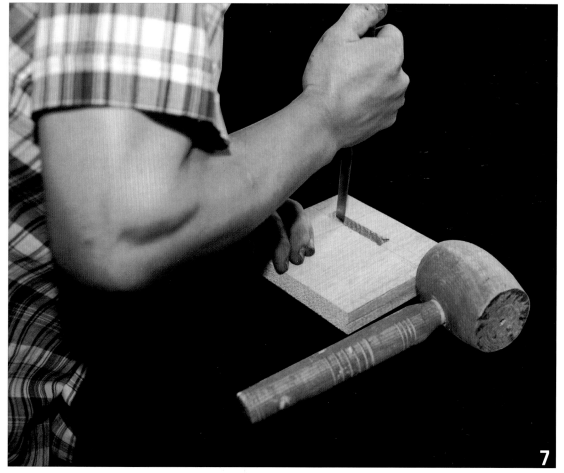

2.开榫机开榫孔

开榫机是专门用来开传统榫孔的机器，其工作原理基本上是依靠特殊设计的榫刀来实现的。

在需要开榫孔的位置依次压下开榫机的榫刀，就可以一次性地开出方形的榫孔。榫孔的宽度根据不同的榫刀的尺寸来决定。开好的榫孔用凿子稍加修整就是一个完美的方形榫孔。

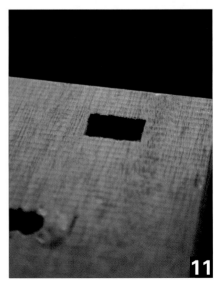

做好榫孔后，按照前面项目介绍的方法，用台锯和Dado做出榫头备用。透榫和槽榫的形式不同，榫头的样子也相应地有所区别。所有的部件都准备好后，我们来做一下干连。

首先装好两头的透榫横撑，再把中间槽榫横撑安装好，把长腿安装到位并检查所有结合面都是垂直连接后，就可以实际涂胶黏合了。

这里需要注意的是，我们从图上可以看到，两组支撑架的上下短撑是透榫结构。也就是说，榫头需要露出榫口少许长度。我们可以根据设计的尺寸制作出较长的榫头来实现。如果在确认不影响结构强度的前提下也可以制作假透榫来仅仅实现美观的要求。

假透榫的制作很简单。用手钻在做好的透榫端头打两个圆榫榫孔，把相应长度的假榫头用圆榫连接到透榫端头上即可完成。

黏合好后，用修边机+圆弧刀把所有锋利的直角边都修整成圆滑的弧面。

18

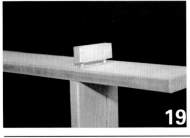

19

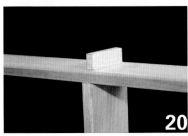

20

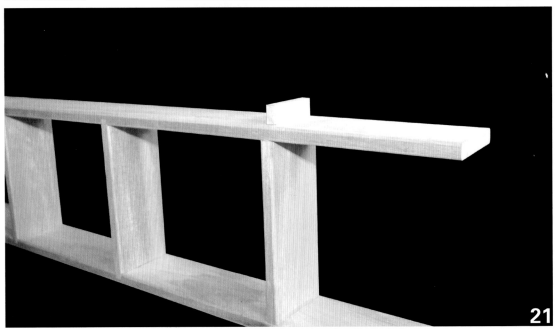

21

层板的制作

根据设计要求，把整块的贴面胶合板切成5块1 800 mm×305 mm的长板，然后用水曲柳木皮或者实木条封边即可，外观效果如下图所示。

最后就是刷漆。因为每个部分的颜色不同，我们可以选择自己喜欢的颜色来涂刷实木支撑腿。

所有部件都制作完成后就可以实地组装了。层板是用木螺丝从支架底部向上固定的。

本例制作步骤如图1~图24所示。

22

23

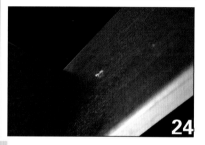

24

TIPS

开榫机榫刀工作原理：开榫榫刀由内外两层组成，外层是一个中空的、头部带有锋利的四方刃的类似凿刀的结构，内部是一根锋利的单刃钻头。安装时，内部钻头稍稍伸出榫刀尖部约3 mm。这样，开动机器并且下压榫刀时，中间的钻头先把木头钻开一个洞，随后将四方凿刀压下，将洞的四周一次性切成方形。

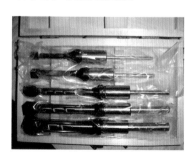

TIPS

需要注意的是，四方形并不是稳定的结构，如果条件允许，您应该制作背板或者增加几组斜拉的背部斜撑来防止书架左右晃动。

● **难点解析**

本节的主要难点就在于榫槽和榫口的制作。只要掌握了方法并且多加练习，很快就可以掌握制作榫口的方法，既简单又高效。特别要注意的是，榫口的尺寸应该和榫头相同，这样才能保证涂胶后还能顺利地把榫头插进榫孔中。

● **技能小结**

本节主要学习的就是榫孔的制作。只要掌握了技巧，就可以快速地制作出各种尺寸的榫孔。

儿童实木集成材小书架

小朋友都有很多的画报、DVD光盘，这些书籍和光盘盒子的尺寸各不相同，有的很大，有的很厚。为了能同时放置这些大小不一的用品，我们设计了这个简单的儿童书架，它既可以单独使用，也可以几个组合起来容纳更多的东西，即便是摆放各种儿童玩具也有足够的空间。当然您可以按照家里的实际布局和空间对它进行稍加更改，加宽加高都是可行的。

●分解爆炸图

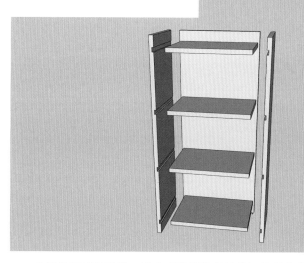

从爆炸图可以看出，这个书架无论是结构还是制作都不复杂，制作时用到的技术都是我们之前介绍过的。您只要抽出大约3个小时的时间就可以完成从选材到成品的所有步骤。这个项目非常适合初学者制作，并且也容易做到触类旁通，因为所有的板式柜、架结构都可以以相同的手法进行制作——可能无非就是宽一些、高一些、多扇门或者多了花边装饰而已。

●材料与工具准备

这里用到的材料就是18 mm厚的松木集成材。主要工具就是台锯以及Dado锯片。

TIPS

各种实木集成材，又称集成指接材，是同一种木材经过锯材加工脱脂、烘蒸干燥后，根据需求的不同规格，由小块板材通过指接胶拼接、经高温热压而成，含水率一般稳定在12%左右，有一次定型、不易变形、纹理自然天成、美观大方等优点。集成材的幅面以1220 mm × 2440 mm为主，主要规格厚度从12 mm到18 mm不等。制作集成材的原料木材品种有落叶松、柞木、楸树、樟松、白松、桦木、水曲柳、榆木、杨木等。优质集成材一般表面光滑、平整、色泽完美、尺度误差小，接合牢固，不易变形。

●制作步骤

下料

首先，按照图纸尺寸在台锯上把所有部件都裁好。需要注意的是，要根据您选定的连接方式来对部件尺寸做调整。例如，这里所有的横板都是插到竖板的开槽中，而开槽的深度定为8mm，因此所有的横板的宽度都会增加8×2=16（mm），这样才能保证最后组合后整体尺寸和图纸上的外尺寸一致。

所有的部件都准备妥当就可以开始开槽了。所有的4块横板以及背板都是通过插槽的方式连接到两块竖板上。所以，这一步的关键就是在两块竖板上做出相应的对称的插槽。

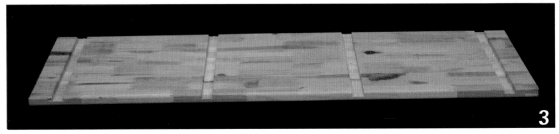

首先用活动角尺标出每个槽的精确位置。

然后装好Dado锯片，按照相应的位置确定好台锯参数并开槽。

开好所有的槽口后就可以准备组装了。

TIPS

两块甚至多块一样或者对称的板子开槽时，您应该同时制作，这样才能保证所有板材的加工都使用的是同样的台锯参数设置。例如，虽然您每次都能把台锯靠山放到10 cm处，台锯锯片高度放在8 mm高，但由于手工操作时，每次的设置都会存在误差，这样的细小误差用肉眼往往观察不出来，却能够在组装过程中轻易体现出来。所以，正确的做法应该是，设定好一个参数，把所有部件上使用同样参数的槽都做出来后，再换下一个参数。这样就能很好地保证多块板材的一致性。当然，前提是您的工具能够在这些工作中保持一致的参数。某些质量不佳的工具似乎很难准确锁定，也就无从保证参数的一致了。

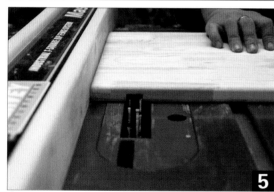

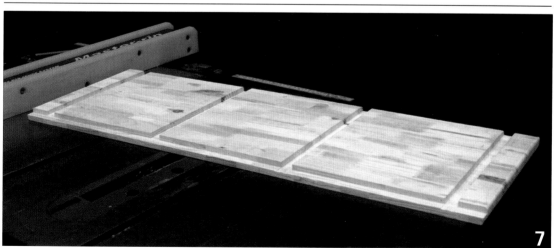

组装

先把一块竖板平放在台面上，然后把所有的横板涂好胶并且插到相应的槽中，再把另一块竖板安装到位。

在背板槽中涂上胶水并把背板扣在相应位置中。如果您有气动射钉枪，那会提高效率。当然，气钉在这里只是起到定位的作用，也就是用少量的气钉固定背板的位置，主要的结构连接依靠的是木工胶水。

如果没有气动射钉枪，用几颗小钉子也能完成同样的事情。您可以不把钉子头完全敲进背板中，以便最后胶水凝固后可以方便地把钉子取出来。

最后，用管夹或者F夹固定整个作品，直到木工胶完全凝固为止。

本例制作步骤如图1~图11所示。

●难点解析

这个制作的难点在于制作前的细节设计。您要根据使用的连接方式确定所有榫槽的位置，而位置的选择要考虑到板材的厚度。不过，只要多多实践，耐心细致，就会很顺利地完成这样的项目，并且在今后的同类结构制作中掌握规律，避免失误。

●技能小结

本小节讲到的一个重要而实用的技能，就是在给两块甚至多块一样或者对称的板子开槽或者做其他同样的处理时，应该同时制作。这样才能保证所有的板材的加工都使用的是同样的台锯参数设置。

儿童学习桌椅套装

市面上很难能买到适合自己孩子使用的学习用桌椅套装——或者是高度不合适，或者是宽度不够。那最好的办法就是为自己的孩子量身定做一套，这样既可以保证尺寸合适又可以满足质量以及环保的需求。

儿童桌椅的结构和成年人的一样，只是尺寸要小很多。通过下面的爆炸图我们可以很清楚地理解它们的结构以及各个部件的连接方式。

●分解爆炸图

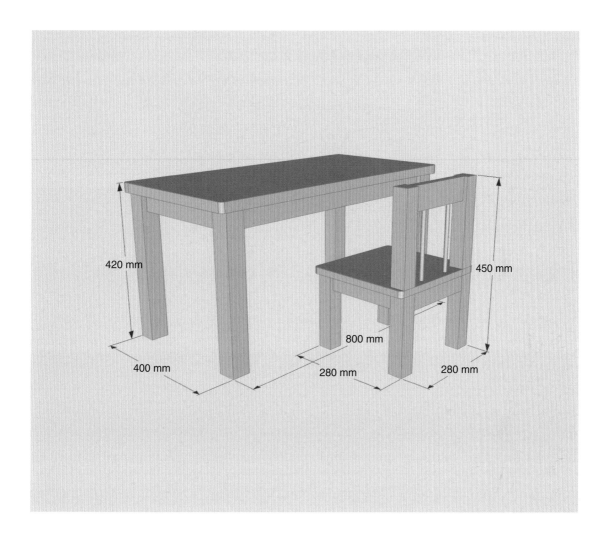

●材料与工具准备

既然是儿童使用，环保要求较高，那么我们应该尽量保证使用纯实木。如果确实有经济上的困难也应该使用实木集成材或者相对便宜的实木，如松木等软木。这里我们选择的是比较高档的松木——红松，它的质地较一般松木细密，也结实些。而桌子和椅子的面板，我们选择高质量的20 mm厚松木集成材，这样可以减少制作上的成本。

因为是实木制作，所以平刨、台锯是必须的设备。

TIPS

儿童家具用品的特点是使用寿命都不会太长，因为随着孩子的成长，原来尺寸适合的家具可能只能使用两三年就不得不更新。所以您可以尽量选择价格不是很高的实木材来做主材，因此松木类用品就成了儿童家具的首选。当然，如果经济条件允许，其他任何木材都适合做儿童家具。

●制作步骤

椅子

首先，根据您自己设计的椅子的尺寸来准备好材料并且刨光备用。根据爆炸图所示，我们可以简单地把儿童椅分为3个部分：靠背及后腿、座面支撑、前腿。这就是说，我们可以把这3个部分单独制作出来，再加以组合，就完成了整个椅子的制作。

整个椅子的连接都使用传统榫卯结构，这样做能够最大限度地提高椅子整体的强度。首先在所有要做榫的地方画好榫孔位置。

用台钻在画好的位置上钻出并排的孔，然后用凿子把榫孔壁剃干净。榫孔的深度比榫头略长一点，用以容纳胶水。

因为前面两个腿的榫口是交叉的，所以我们把榫头做成45°角，就可以很好地安排下两个榫头了。

所有部件都做好后需要给所有部件铣边，这一步是很重要的。因为儿童用品不能有任何尖锐的部分，以免发生危险。当然您也可以在整体完成后再做这一步，但是那时用机器操作起来就不那么方便了。

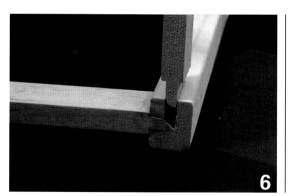

做好了靠背的所有部件后就可以涂胶并且把所有部件安装并且夹持起来。当然事先最好能干连一下看看有什么问题，同时也能确定各个部件是否摆放在正确的位置。

然后再把座板和前腿部分连接好。

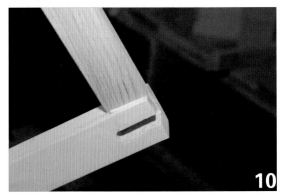

这两部分部件都分别黏合紧固后，就可以把两部分组合起来。

12

13

最后，根据设计尺寸用带锯把座板切割成型，并用螺丝把座板固定在椅子撑上就可以了。

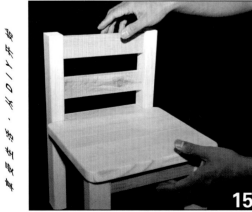

因为使用的原料比较干燥，所以您可以不做任何外涂装来避免涂料对孩子的污染。这样的话，先把所有部件表面都用320目砂纸精细打磨，再用棉布擦干净就可以投入使用了。当然，也可以使用木蜡油等环保的涂料进行涂装，会起到更好的保护和美化作用。

学习桌的结构和椅子几乎一样，同样也可以分为左右腿组件、横撑组件以及面板部分。

腿组件的制作也和制作椅子一样——先刨光材料，画出榫孔位置并且用台钻开出榫孔，并用凿刀修整榫孔中的毛刺。

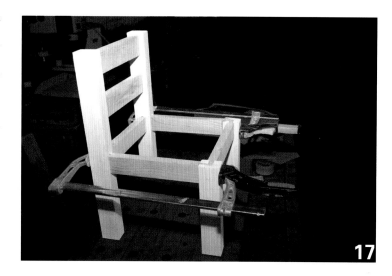

17

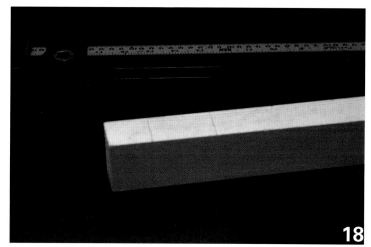

18

19

根据设计尺寸把每个部件都制作好后，按照之前分好的3个部分先做部件的组装。

再把腿部件和横撑都连接到位。

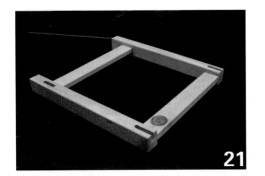

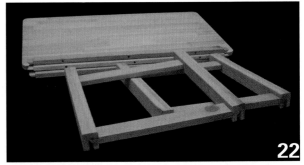

最后要做的就是把桌面安装到桌腿部件上。首先把桌腿部件翻过来，在横撑上均匀地打出安装孔，再把腿部组件按照设计要求摆放到桌面上，用螺丝紧固，这样就完成了主体的制作。剩下来的工作就只是打磨和涂装了。

本例制作步骤如图1~图26 所示。

● 难点解析

这个小制作没有什么困难的地方。只是有很多榫孔、很多榫头需要制作，而且每个的位置都不同，长度和宽度也各有区别。所以您只要设计好每个部件的榫口的位置，不要在制作中把自己弄糊涂就可以了。

● 技能小结

本节主要为大家介绍了如何用台钻制作榫眼的技术。 实际上，传统的榫卯结构可以用很多的现代工具来完成。台锯、带锯、台钻、开榫机，甚至手持雕刻机和修边机都可以做出规矩的榫卯结构，只是使用不同的工具会有不同的优势，您可以根据自己的需要选择任何一种方式。

美式书柜

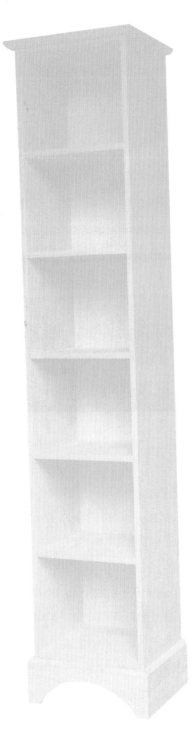

现代美式家具讲究的是简洁的古典风格，是传统欧式家具的简化和提炼，它不但继承了欧式家具高雅的外形，也简化了外观，不会显得过于奢华而不平易近人或者不适合现代家庭装修风格。这里我们就以题图的书柜为例，详尽地阐述现代美式家具的制作方法。

●分解爆炸图

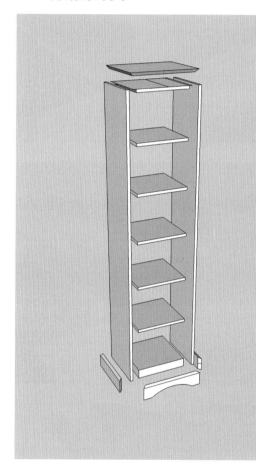

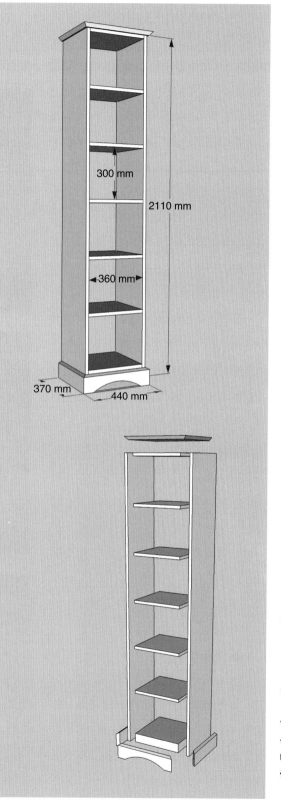

300 mm

2110 mm

360 mm

370 mm

440 mm

从爆炸图中我们可以看出，这个书架可以拆分成由板式结构组成的书架主体以及实木装饰的书架脚和顶。书架的主体我们使用板式家具的结构与连接方式（三合一）制作，而实木脚和顶可以在单独制作后，简单地固定在主体上，这样，就可以实现设计目的和外观要求。

●材料与工具准备

书架主体我们选择水曲柳实木贴皮的胶合板（Plywood），书架腿和顶选择的是水曲柳实木。然后所有的胶合板边都用水曲柳实木皮封边，这样从外观上看就是全水曲柳的美式书架了。使用实木贴皮胶合板制作大面积的平板类家具是现代DIY常用的一种方式。这样您不但可以实现实木外观的视觉效果，在结构上也可以保证很小的变形，即使在季节分明的北方也可以保证稳定的结构。这样的应用很好地解决了实木平板容易变形开裂的问题。同时，使用胶合板也大大减轻了制作的工作量以及费用。

制作胶合板类家具的最主要工具就是台锯或者手持圆锯（同时配合靠山使用）。而贴皮的工具更加简单，一个小木块包上100目的砂纸就可以完成。制作实木腿会使用到台锯、平刨以及带锯等工具。

TIPS

实木会随着季节的变化吸收或者散发出水分，也就会相应地出现膨胀或者开裂，这种现象在四季分明的北方尤其多见，这也是制作实木家具时需要特别注意的地方。而人造板都是使用干燥的木粉、木屑或者木皮加压胶合而成，所以人造板最大的优点就是变形很小，而且价格比实木要便宜很多。

●制作步骤

书架主体的制作

首先按照设计尺寸使用台锯把双面贴皮的胶合板裁好。因为书架两侧竖板尺寸比较大，直接在台锯上锯切不好操作，所以这里我们使用了一个自制的横切板夹具。

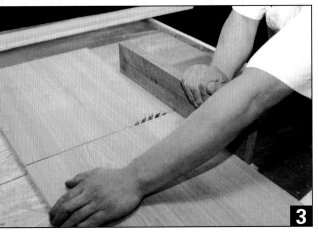

从图中可以看出这个夹具的原理和制作非常简单。它能保证因为锯切的板材过长而无法使用台锯靠山的情况下锯切出来的是直角。如果不使用夹具，则很难保证平稳地锯切这种较长的板材。制作这个夹具的关键就是保证后面的推板和锯片严格呈90°垂直，当把工件紧紧靠在夹具后推板上锯切时，就可以保证锯路的稳定和平整。而前面的挡板只是加强和固定整个推板不会在工作中被锯断的。

所有的板材制作完成后就可以开始制作三合一连接孔了。三合一连接，顾名思义是由三个部件组成的连接结构。首先使用三合一开孔模板找出锁扣的开孔位置。

然后在台钻上用15mm的开孔器开出锁扣容纳孔。

注意根据您的锁扣的厚度设定好合适的台锯深度。

然后，我们可以利用定位器来制作连接杆孔。把定位器加持在需要打孔的部位，用手电钻设定好深度并开出连接杆孔。

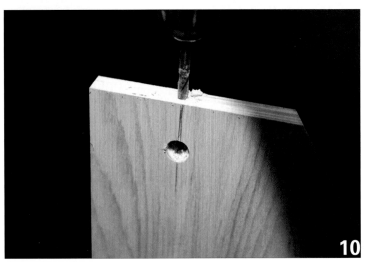

随后，使用雕刻机倒装桌在侧板上铣出背板槽。

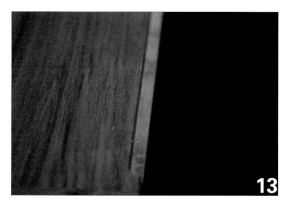

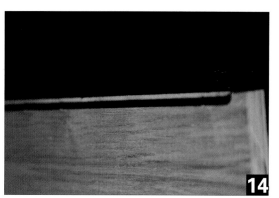

最后，用10 mm的钻头在相应的
位置开出塑料预埋件的位置，并用榔头
把预埋件砸进板子中。

15

16

美式书柜

17

把连接杆拧在预埋件中后，就可以组装连接书架主体结构了。

这时，可以在连接面上涂抹少许木工胶来增加连接强度。

18

19

20

用一字螺丝刀把锁扣上的箭头拧到和连接位置方向一致，就完成了三合一的紧固安装工作。

随后，把裁好的背板用气钉和木工胶固定在背板槽中，就基本完成了书架主体的制作。

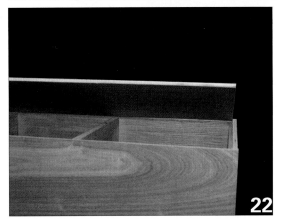

剩下的工作只是贴实木皮封边了。贴皮时先打磨好需要贴皮的部位，并用美纹纸把板边保护起来，避免胶水溢出污染其他部位。

然后在黏合面和木皮上都均匀地刷上胶，稍等片刻就可以把木皮粘贴上了。

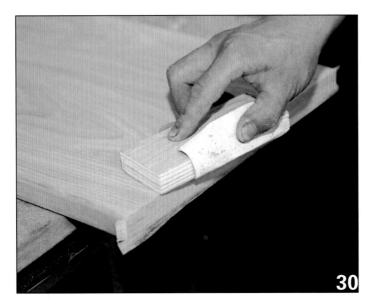

30

随后，可以用小木块包上100目的砂纸打磨木皮边缘，就可以很简单地把木皮沿板边整齐地切下来。再用锋利的壁纸刀把木皮两端切割整齐。当然，您也可以使用专用的木皮切割器来操作。

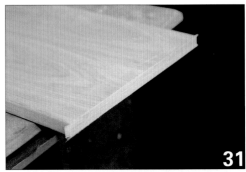

31

32

书架腿和顶的制作

按照设计尺寸下好料，用平刨刨光材料，用带锯沿着事先画好的弧线把书架腿板和顶部配件制作出来。因为书架靠墙摆放，我们可以只制作三面的腿板和顶板部件。

先用木螺丝把安装条固定在书架底部。

再用木螺丝把腿板部件固定在安装条上。

腿板之间的连接采用45°度拼接。

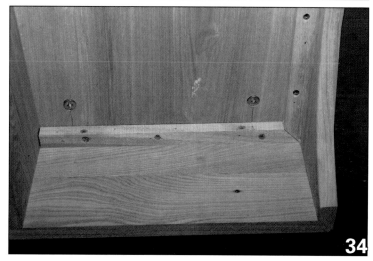

顶部实木装饰条的制作与安装也如法炮制。利用简单的半槽结构把顶条黏合在顶部，3个顶条以45°拼接成完整的顶部装饰。

36

37

38

美式书柜

● 难点解析

　　板式结构中最注重的就是板材切割的精确。既要保证尺寸的精准，又必须确保所有板材的四边都是互相垂直的。只有四边都平直且互相垂直的板材部件才可以连接出严丝合缝的板式结构。在工厂中是靠精密推台锯来实现这一目标的，业余情况下我们必须借助精确的测量和裁切，以及自制夹具来达到同样的目的。

● 技能小结

　　通过这个项目我们学习了如何使用胶合板或者其他人造板材结合实木装饰来制作板木结合类家具。许多现代美式家具都是采用同样的工艺，这样既达到美观的要求又降低了制作成本，同时保证了结构的稳定。当然，您应该尽量选用环保的人造板材。一般来说，所有需要使用大面积薄板结构的家具都可以使用这种工艺来完成。

　　最后，您只需要根据个人喜好涂装上有色或者无色的涂料或者油漆，整件作品就完成了。

　　本例制作步骤如图1~图38所示。

经典床头柜

题图是一个著名家具卖场的一款经典床头柜的图片。这个款型已经使用了很多年，至今仍有很多人喜欢。因为这款柜子虽然造型没有什么特别，但是却应用了实木家具的经典结构与制作方法。这也正是我们模仿并需要通过这个项目来学习的。

●分解爆炸图

从爆炸图看出，一般的实木家具结构就是所谓的框架式结构。因为实木会随着季节的变化膨胀或者收缩，框架式的结构正是为了适应实木这一特性而产生的。例如这款床头柜的侧板——侧板外围是实木框架，而中间的大板通过开槽嵌入外框中，中间的大板与外框并不黏合。这样在大板膨胀或者收缩时不会拉动外框而影响整体结构。这就是框架式结构的主要优点。

●材料与工具准备

所有的柜子部件都使用松木集成材。主要材料20mm厚，做框架的是由25mm厚的松木集成材切割而成的。

实木制作当然会用到台锯和平刨。这里因为会做插槽框架结构，所以会用到雕刻机倒装台以及组合柜门榫刀。

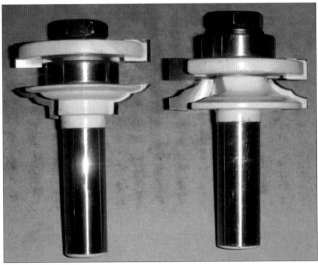

TIPS

手持雕刻机倒装台是一个非常有用的二次DIY工具。一般来说，对于使用刃具的工具，用工件去靠工具加工比拿着工具去靠工件要容易操作得多。所以手持雕刻机倒装台可以完成很多手持雕刻机不能完成的工作，或者完成起来简便高效得多。

从上图可以看到，雕刻机倒装台就是一个能把雕刻机倒装起来的平台，并且有一个可以调节刀口宽窄以及前后移动的靠山系统。另外，倒装的雕刻机要能方便地调节铣刀伸出台面的高度。

●制作步骤

側板

首先按照设计尺寸使用台锯和平刨准备好两块侧板各4块外框的材料。外框是25 mm厚的松木集成材。

铣芯板槽和芯板造型。

先上好柜门榫刀组合中的内榫刀，然后从右往左开始铣内开槽。

铣好后的效果如图所示。

换上对应的刀铣端面开槽。

所有榫槽都铣好后就可以试着连接起来看看两组榫槽配合得是否平整准确。

如果榫接很漂亮的话，我们就可以换上套刀中的最后一把来制作侧板的芯板了。处理芯板有很多方式，主要的目的是把芯板四周处理得薄些，足够插进刚铣好的槽中并且能做出美观的造型。如果您不想用门芯刀，而仅仅使用台锯做出方形的芯板来也是可以的。

做好侧板上的所有部件并且干连测试过后就可以安装并黏合好侧板待用了。

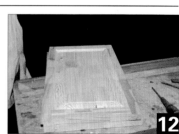

柜体

从爆炸图可以看出整个柜子是用上顶板、下底板、抽屉和门之间的横隔条、底座挡板以及背板作为左右方向的结构支撑。所以我们只要做好这些部件并且把它们和做好的侧板连接起来，整个柜子就基本成型，完成90％了。

按照尺寸把上顶板、下底板、抽屉和门之间的横隔条、底座挡板以及背板用台锯和平刨制作好。设计好它们互相连接的方式。这里除了背板是在侧板开槽后扣进去以外，其他的连接部分都使用圆木榫。

首先把一块侧板平放在安装台上，上好圆木榫，涂胶，把底板插进去。

再把底座挡板和中撑也安装好。

在另一块侧板的榫上涂抹好胶水并把侧板安装到位。

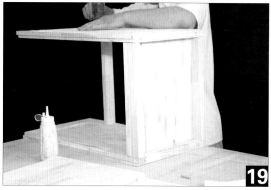

用管夹把柜子加紧固定。这时，固定的目的是在胶还没有干的时候起到固定形体的作用，因为我们还要继续安装背板。

把做好的背板放置到事先开好的背板槽中，这里我们使用松木集成材贴皮的5厘板作为背板。

然后把顶板安装到位。

最后用胶水黏合底板并用气钉做临时固定。

柜门和抽屉

柜门和抽屉的外观类似侧板的芯板。可以使用榫刀铣出来，或者直接使用台锯调整锯片角度后锯切出来。把门板做好后我们就可以开始安装门板了。

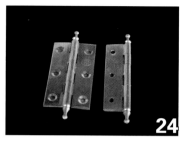

柜门通常使用合页来与柜体连接。常见的合页既有传统的内嵌合页也有现代板式家具常用的烟斗合页。

这里，我们使用烟斗合页。

安装烟斗合页时我们可以使用市售的合页模板。

首先把模板靠在门板上，左右移动位置找到放置合页的位置后，用铅笔在模板上的烟斗沉孔中心点做好标记。

用35mm的开孔器以这个点为圆心开出沉孔。这个沉孔就是放置合页主体的沉孔。

把固定螺丝拧紧。

经典床头柜

把安装好合页的门板摆到柜子相应位置，并用螺丝紧固。

需要注意的是，烟斗合页可以通过调节紧固螺丝来微调门的上下位置，通过调节合页上的调整螺母来调整门板的前后位置。

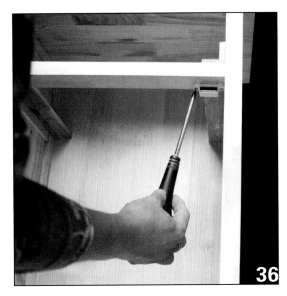

在安装好磁性门挡。

抽屉的结构可以参照下面的爆炸图制作。

把抽屉插进滑槽内就完成了。

本例制作步骤如图1~图40所示。

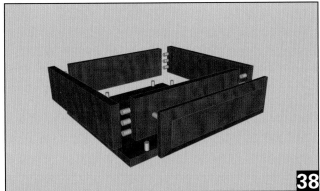

TIPS

　　黏合框架式门板或者其他结构时应该注意的是，仅仅需要把横竖框架用胶黏合起来而不要把芯板也黏合到框里面。因为这样可以保证芯板在季节性膨胀或者收缩的过程中不会因为过大的张力而挤坏外框。

TIPS

　　每个木工作品不一定所有的部件都使用同样的木材。您可以选择一些更便宜、更稳定、更容易操作的材料制作背板、抽屉主体或者其他不露在外面的部分。这样做的目的主要是可以节约成本和提高效率。

●**难点解析**

　　实木框架结构看似复杂，其实如果我们了解了它的基本结构就可以很容易地做到触类旁通。框架结构的主要目的就是防止季节的变化给实木带来外尺寸上的变化，而这种变化往往会造成开裂、变形等问题。因此说，所有的实木家具都应该尽量使用框架结构。当然不是所有的部件都是框架结构，对于实木大面积平板类的部件，都应该考虑框架结构或者其他方式来控制变形。

●**技能小结**

　　框架结构不仅仅可以使用柜门套刀制作，也可以使用槽刀制作结构更简单的榫合结构，或者使用台锯配合Dado锯片。只要您的框架结构能够保证芯板在框架中自由活动，并不拘泥于外形或者使用何种工具以及方式来实现。

儿童高脚椅

儿童高脚椅是每个孩子最早拥有的家具之一，它可以让孩子坐得更高，以适合家中通常为成人准备的餐桌。并且，由于有扶手和靠背，孩子坐在里面也更安全。由于儿童高脚椅看上去比较复杂，大多数的家长都会在商场买一个。而通过本章的学习，我们可以了解到实际上自己制作一个儿童高脚椅并不难。DIY爱好者完全可以利用一个周末的时间，花费很少的钱就可以为孩子制作出一个精彩的礼物。

●设计图

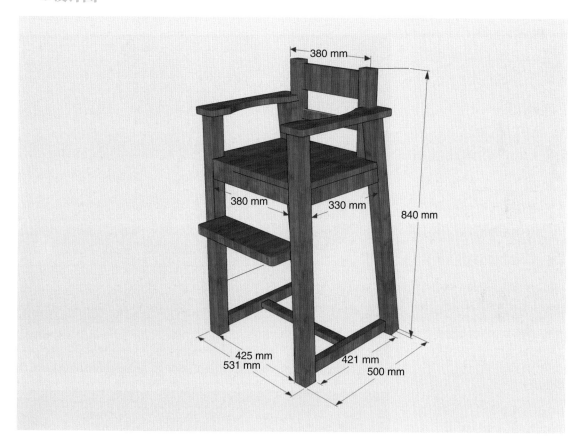

通过观察设计图，我们可以把这把椅子分成3部分：座位及靠背、左右腿及扶手、腿的连接支撑部分。3部分分别制作并把它们连接起来就完成了整个作品的制作。首先，要想好这3部分如何连接，然后，再设计出每部分所有部件的连接方式——整个作品的制作步骤就已经形成了。这也是制作任何一个木工作品的工作思路。

●材料与工具准备

因为儿童家具具有使用寿命不长而环保要求高的特点，所以我们选择的是红松实木材。座位板的面积较大，为省去拼板的麻烦，我们使用松木集成材。

使用到的工具有台锯、平刨、压刨以及带锯。

TIPS

　　任何一个无论多复杂的作品都可以拆分成若干部分或者部件的集合。我们通常分别制作各个部分，再把它们连接起来，最终也就完成了整个作品。因此，所有的DIY爱好者都应该首先学会如何拆分木工作品，能做到看到一件木工作品的图片或者照片，就可以在脑子里把它拆分开再组合起来。这是一种能力的培养。

●**制作步骤**

　　首先，我们可以完全参照前面制作儿童椅的部分制作出座位及靠背部分。

　　然后，就是制作左右两片腿组件。从设计图上可以看出，每片腿由两根竖腿、一片扶手和一片横撑组成，而两根腿不是平行的，而是呈梯形组合的。左右腿部件也是以特定角度和座板组件连接。这样就形成底大、座小的结构，孩子坐在上面非常稳固和安全。因此，本作品最难的部分也就在于制作出特定角度连接的部件。

　　先按照实际尺寸用台锯、平刨把腿料下好并刨光备用。这里我们设计的每根腿与垂直线的夹角是10°。用角尺画出腿部下横撑的角度。

　　用斜切锯或者手锯沿画好的线在下横撑上切出角度来。需要注意的是，两根腿接触地面的部分相对于腿两侧也呈10°的，因此，也需要做同样的切割处理。

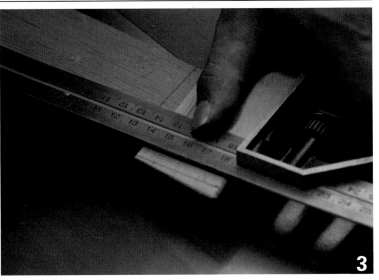

把腿倾斜10°加持在木工台上，用电钻开出圆榫孔的位置。

再用带锯锯出扶手的弯曲部分。开好榫孔后，把腿部所有部件连接起来。因为腿部都是相对倾斜的，如果用通常的夹具夹持起来会有困难，这时您可以使用橡皮绳勒紧，或者制作一个相应角度的夹持辅助夹具来协助。

随后就可以制作两组腿的连接板部分。

做好了所有部件就可以准备连接起来。

借助少量的夹具，您就可以把整个椅子组合起来了。

本例制作步骤如图1~图11所示。

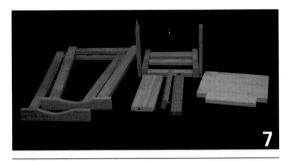

TIPS

倾斜部件的夹持可以使用软性紧固绳或者带角度调节的夹具——图中所示的快速F夹。

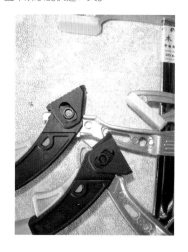

●难点解析

斜角的榫接。连接两块有角度的材料时应该使用适当的榫合方式。可以利用圆榫，其优点是结构简单，并且可以在很小的连接面上实现榫接。也可以制作有角度的传统榫卯结构，这样更结实可靠，但是增加了很大的制作难度。

●技能小结

本节主要介绍了带有斜角或者圆弧部件的设计制作及连接方式。介绍了简单的角度连接，您可以触类旁通，其实，即便再复杂的连接方式，也可以化解成容易操作和完成的传统连接方式。

实木浪漫烛台

您可以使用几块边角小木料，并利用周末的几个小时，就能把这个好看的浪漫烛台制作完成，而它仅仅用到台锯（或者手锯）这一主要工具。

做烛台是一个训练运用小料巧妙搭配最终取得超炫效果的好方法。就像这里要讲的烛台就是使用几块黑胡桃木（或其他深色木材）以及一块北美枫木（或其他浅色木材）等边角料搭配而成。设计的关键是木材自然颜色的搭配和现代造型的设计。

当然，对于这样一个结构简单的作品，不需要使用复杂的榫接结构，我们的注意力就应该放到细节的处理上。例如4个烛台腿就应该仔细打磨直到几乎不用上漆就很光亮，而主体的油漆也应该小心仔细地喷涂。每层油漆之间都应该用800目砂纸仔细打磨平整，以保证最后透亮洁净的油漆效果。

●分解爆炸图

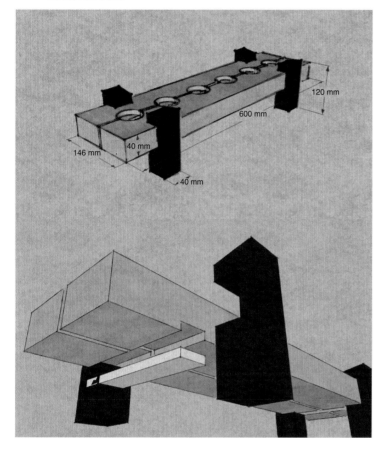

通过爆炸图我们可以看出，这个烛台的制作主要分为两个部分：台腿部分以及烛台主体部分。最后，把它们组合起来就完成了整体制作。

●材料与工具准备

前面已经讲过，这个烛台的选材都是边角小料，您只须选择颜色对比强烈的两种木材就好。这里我们选择的是两块250 mm×40 mm×40 mm的黑胡桃木，采取中间断开的办法得到4块腿料，主体是一块600 mm×140 mm×40 mm的枫木。

使用到的工具主要是台锯。当然，您如果手工技术不错的话，用手工锯也可以完成。其次会用到台钻，它是用来打蜡烛杯孔的。

TIPS

1. 尽量选择落叶林木材（Hard Wood），因为其相对质地坚硬，打磨上漆后能得到更好的视觉效果。

2. 一般浅色的木材是白色或浅黄色，如枫木、红樱桃、松木、榉木等；而深色的木材多是红色或者黑色，如中国的红木类、欧美的黑胡桃、南美或者非洲的红木。

3. 台锯分为桌面式（小型）、落地式（中型）以及柜式（重型）。当然越大的功能越强，精度越高，适用性也越广。

●制作步骤

首先把准备好的原料用平刨压刨刨光并做成四方材备用。

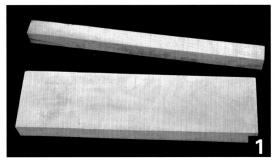

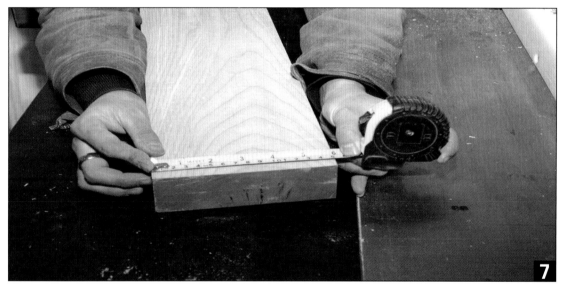

刨好的材料最好使用直角尺检查是否是四方的。

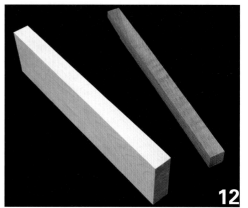

烛台腿的制作

从爆炸图我们可以清楚地看出，4根一样的腿制作很简单。每根腿上都有一个高度等于烛台主体的厚度、深度为12mm的宽槽。腿上的槽和烛台主体上相应的槽配合在一起就很坚固了。而为了美观，台腿的上部用台锯切出6°的斜角使整体的造型更显生动。

用双线划线器固定好主体的厚度，然后把这个厚度复制到烛台腿的原料上。

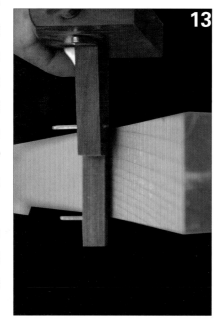

设定好Dado锯片的高度，用一块废料测试一下锯片高度是否合适。

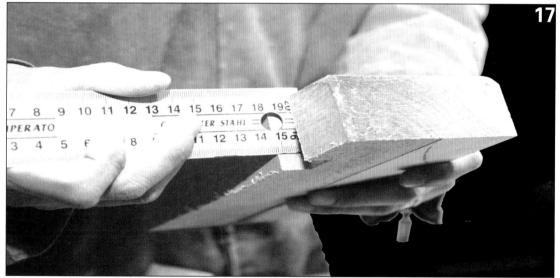

因为太小的木料在加工过程中不容易固定或握持，因此，建议尽量用稍大（长）的木料。这里的4根腿采用的是将两块长料中间断开的办法，以方便加工。给台锯换上Dado锯片，设定好靠山挡块位置，就可以开始开槽了。

挪 动 木 料 位 置，直到开出的宽 度 和 设 计 宽 度 一 致 为止。

把槽卡进烛台主体上试一试，刚好合适。

然后换上普通单片锯片，把锯片调整到6°倾斜，标好下锯的位置，直接锯切就可以了。

设定好台锯靠山挡块位置，把4根烛台腿按照统一的尺寸切割下来。

再干连一下看看效果。

TIPS

我们在台锯推板延长板上贴上一片100目的砂纸，就可以尽量避免工件在操作中发生不希望的滑动。

简单生活·从DIY开始

烛台主体的制作

烛台主体制作步骤很简单。首先，在修整好的整块的木料上打孔。打孔的数目您可以自行确定，这里采用的是6个孔的方案。然后，用Dado锯片制作出容纳台腿的宽槽，把主体两侧的斜边切出，最后从正中间锯开木料就可以进行整体组装了。

a）打蜡烛孔

首先，我们先画出木料的中心线，在中心线上等距标出要打的6个孔的位置。

然后，画出4根腿安装的位置，并用Dado锯出腿槽。

开好槽的主体。

同样的设置，在主体的底部也要开出同样

规格的槽，以容纳连接木片。

实木浪漫烛台

然后使用和蜡烛杯的直径配合的平翼钻开出杯子孔（最好事先准备好蜡烛杯，再配合近似尺寸的平翼钻会容易得多）。钻孔时应该使用台钻来保证钻孔的垂直以及保证深度的一致性。

39

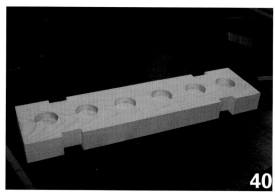

40

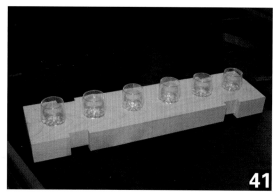

41

再把主体放到台锯上沿中间线平均锯开。

b）斜侧边

同样换上刚才的密齿单锯片，把锯片调整到6°倾斜，设定好台锯靠山到锯片的距离，把烛台两个侧边和两个端面都切出6°倾角。

烛台主体部分所有部件如图所示。

在整体安装前，还有两件工作要做。一是找两块小硬木片，把它们的尺寸修整到刚好可以配合安装到烛台主体下面的安装槽里；二是为了保证在安装过程中主体中间的缝隙不变，需要找一片3mm的密度板垫在两片主体中间。

准备完成后，用钉子和胶水把两部分主体连接在一起。注意，如果您使用木螺丝的话，需要先在木片和烛台主体相应位置上用较细的钻头打好相应的螺丝孔，以避免螺丝劈开木头。

随后，把烛台腿用木工胶和F夹调整并固定到主体上。至此，这个烛台已经完成了90%。

45

46

47

48

紧固板既可以用螺丝安装，也可以使用下图给出的

8mm圆木榫棒。

干连没有问题，就可以着手打磨上漆了。

实木浪漫烛台

打磨和上漆

正如开始我们就说过的，对于简单的作品我们更应该注意的是细节，所以我们花了更多的时间和耐心分别用220目和320目的砂纸把所有看得见的部分都仔细打磨光滑。至于用哪种漆，可以按照个人的喜好，如使用传统硝基清漆或者环保木蜡油，甚至纯天然的蜂蜡做表面处理。给木器表面刷或者喷涂漆（或者任何保护层）都要把握"薄刷多层"的原则，也就是每一次要尽可能地稀薄，但要多层覆盖，这样，漆面才显得饱满、细腻而丰润。这里我们喷涂了4遍硝基清漆，每层干透以后都使用600目砂纸打磨平整再喷下一层。

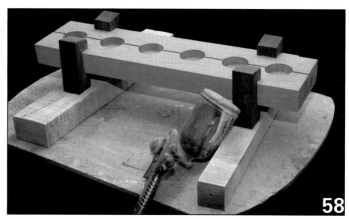

最后我们可以看到烛台的整体效果非常完美，无论放在餐桌还是卧室，都是一件能够营造出浪漫温馨效果的装饰品。最特别的是，它出自您自己的双手。

最后给4个腿均匀涂胶，然后黏合起来。

本例制作步骤如图1~图63所示。

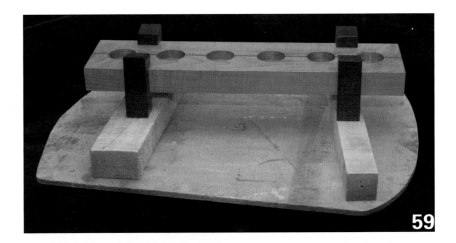

59

60

61

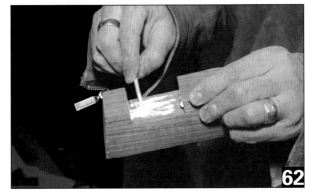

62

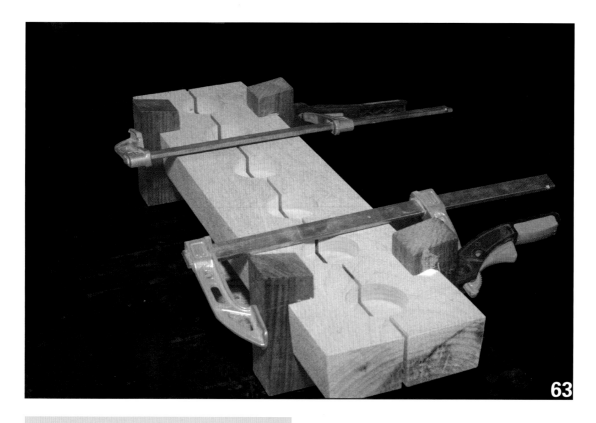

63

TIPS

喷漆比手刷效果好得多。因此，在条件允许的情况下，建议尽量使用喷枪来操作。

● 难点解析

制作这个作品时需要注意的是烛台腿的槽和主体上的槽要严格配合。您需要按照我们文中介绍的方法使用垫块，使用一样的设置。另外，如果不同的部件需要同样的工具设置时，最好能同时做出，否则您很难保证两次的设置会完全一致。

● 技能小结

通过这个作品我们主要介绍了下面几种技术。

1. 台锯宽槽锯片的使用。宽槽锯片（Dado Saw Blade），是一种由多片不同厚度锯片组合在一起使用的锯片，您可以随意选择任意厚度和数量的锯片组合。这样就可以简单地锯出您想要的宽度的槽。通常这种锯片是用来开宽槽（Dado Tenon）的。

2. 使用同一块垫块来保证多个工件的切割一致性。使用辅助夹具（Jig）是木工DIY中常用的方法，它可以保证制作的一致性和简便高效。

3. 打磨和上漆。一般木材的打磨最高用到320目的砂纸就可以了。对于非常密实的硬木，例如红木类木材，就需要用更高标号的砂纸，最高可以用到2000目的砂纸，才能打磨至自然光亮效果。刷漆一般都在3遍以上，在第二遍后，每刷一遍漆之间都需要用600目左右的砂纸把上一层的漆面打磨平整，以保证最后漆面平整光亮的效果。

儿童尺寸户外桌椅套装

　　这个造型简单但是很经典的户外桌椅套装，是家长带领孩子一起动手的很好的练习项目。椅子的尺寸设计适合1~7岁的孩子使用，当然这么大的孩子还不能完成这个项目。这是适合更大一些孩子的木工手工项目。在家长的带领下，利用一天时间就可以完成。

　　这个简单的项目包含了按照尺寸切割材料、设计在哪里钻孔、如何连接组装等基本技术。考虑到孩子参与时的安全性，这个项目完全可以用手工工具来完成。

如果您需要制作成人尺寸的户外桌椅套装，只需要把它按比例放大，换用更厚重的木材和五金件就可以了。

●设计图

从图中可以看出这个项目的基本结构。整个作品分为腿部、桌面和座板3部分。而腿部又可以拆分成两条斜腿加两根横撑的简单结构。主体的连接使用6mm螺栓配合6mm内嵌式螺母以及少量的木螺丝和直角铁。

●材料与工具准备

因为是儿童使用的家具，我们可以选择价格经济同时制作起来又更加简单的20mm厚松木集成材。以本节案例的尺寸计算，大约需要2/3张。

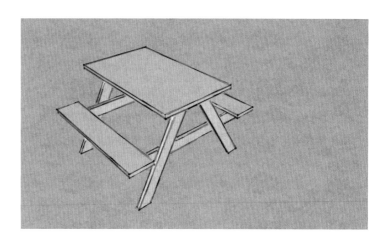

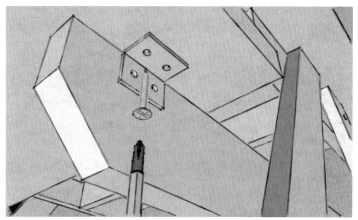

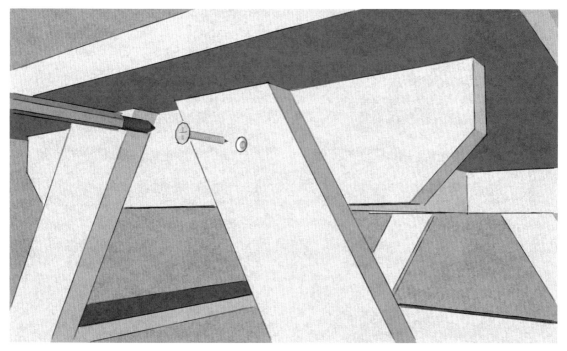

家具生活·木DIY手册

儿童尺寸户外桌椅套装

167

如果全部使用手动工具的话，需要用到的手动工具和附件如下所示。

工作台或锯马		直角尺	
手钻		直尺	
7 mm钻头		螺丝刀	
铅笔		3 mm钻头	
手锯或圆锯		榔头	

当然，如果由家长带领使用部分电动工具代替手动工具，将会大大缩短制作时间。

● 制作步骤

首先，我们需要按照设计尺寸把所有部件都切下来。下表是供参考的部件尺寸表。

TIPS

成人尺寸的桌子一般高75～85 cm，而椅子需要40 cm高。如果您要动手做一张全尺寸的户外休闲椅，请根据上面的常用值来修改您的设计。

部件	尺寸和描述	数量
桌腿	65 mm x 592 mm，每边有30°的斜边	4
桌面支撑板	65 mm x 400 mm，边上有装饰小斜边	2
座面支撑板	65 mm x 840 mm，边上有装饰小斜边	2
桌面中撑	65 mm x 620 mm	1
桌面	140 mm x 900 mm	3
座面	140 mm x 900 mm	2

注：所有的板材都是20 mm厚。

按照图纸尺寸要求，在台锯上
或者使用手锯把所需要的板材先按照
设计宽度切出原料备用。

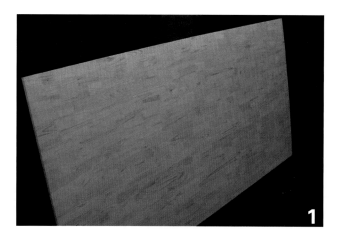

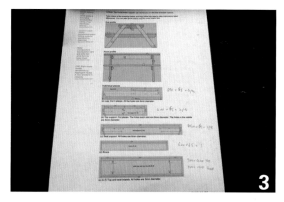

然后使用斜切锯把原料按照设计尺寸切好备用。

因为桌面和座面比较宽，无法在斜切锯上切割，因此我们使用台锯加上自制的切宽板夹具把板材按照设计尺寸切割下来。

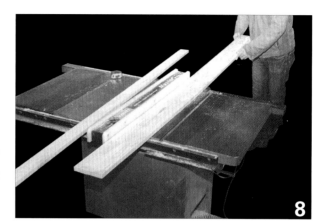

这里我们选用6 mm的内嵌螺母和6 mm大头螺母作连接五金件，这样能在保证强度的基础上极大地加快制作速度。

接下来，在相应的板子上用斜切锯切出所需的30°斜边
的推板，以及45°的装饰角。

切好的成品如下图所示。

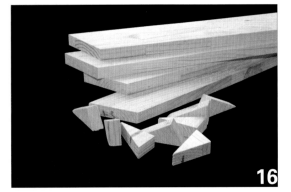

腿部组装

把部件摆放在工作台上并且按照设计尺寸摆好位置。

用气钉枪或者小钉子暂时把所有部件相互固定在一起，以免打孔时各个部件相对移位。

17

18

给直径7mm的钻头装上限位圈（用以设定钻孔深度的一个小辅助工具），就可以开始钻孔了。

所有的孔钻完以后，用内六角扳手把6mm的预埋螺母拧进腿部的两个横撑上预先打好的7mm孔中。

再用沉头扩孔器或者10mm的钻头在腿板螺孔处做出螺帽沉孔。

用螺丝刀把螺栓上紧，固定好腿部所有部件，然后再把刚才临时固定的小钉子取出来。

19

20

21

22

整体组装

　　首先用卷尺找到腿部垂直中心线，并在上部横撑上画出中心线。这条线是连接两条腿板的主横撑的螺丝安装基准线。

在中心线上用沉头钻开出螺丝预制孔。

把主横撑固定在工作台上，用螺丝刀拧上螺丝。

再把另一边的螺丝也拧紧后，桌子整体结构就完成了。

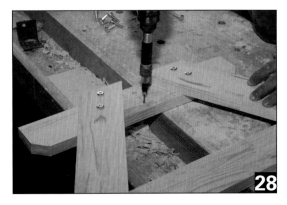

桌面和座面的安装

先把切好的桌面和座面放在桌架上看看效果，确定有无不合适的地方。

如果没有问题就可以把桌面平放在工作台上，再把桌架倒着放在桌面上。用直角铁和15mm长的木螺丝将桌面和框架连接固定起来。

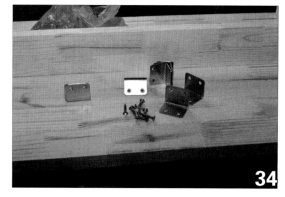

最后一步，先后用180目和320目砂纸把桌面和座板边缘打磨圆滑。当然，为了追求美观和舒适性，也可以用修边机上的圆弧刀把桌面和座板边缘都铣成圆弧型，并用砂纸打磨光滑。

36

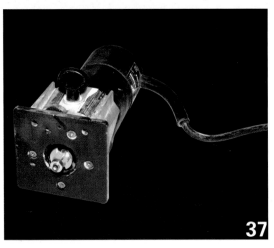

37

38

因为儿童用品需要完全环保，因此我们可以省去上漆的工序。至此，这个户外儿童休闲桌椅套装就完成了。

本例制作步骤如图1～图38所示。

TIPS

用修边机或者雕刻机铣工件时要遵循"外圈走逆时针，内圈走顺时针"的原则。否则，由于刀头转动和移动的方向互相干涉，您会感到难以操控机器，而且也会打坏工件。

TIPS

在使用小钉子临时固定板材时，注意不要把钉子完全钉到底。钉子的作用仅仅是临时定位，作品完成后就要取下所有的定位钉，以免影响美观。

固定好一套腿后，把另一套腿的所有部件按照做好的这只完全临摹下来，可以最大程度地保证两边桌腿的一致。

● **难点解析**

这个作品最难的地方在于组装腿部件的时候需要仔细安排位置，尽量把腿部安装得左右对称。否则，虽然不会对整体结构造成很大影响，但是会影响到视觉的美感。

● **技能小结**

这个项目是家长能够带领12岁或者以上的孩子共同完成的简单的木工项目。通过这个项目能使孩子对木工制作产生兴趣并有初步的了解，并且可以帮助孩子尝试切割直线、打孔、找中心线、安装螺丝、打磨等各种基本的操作。

很酷的人形穿衣镜

穿衣镜是每个家庭都会有或者都想拥有的一个简单而实用的家具。看到这款有趣的穿衣镜，您是不是也考虑自己打造一个？

●分解爆炸图

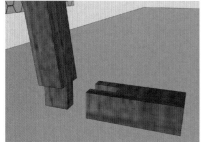

●材料与工具准备

穿衣镜一般都只有很薄、很窄的木质边框。因此我们需要选择硬度比较高，材质比较好的硬木来制作。这里我们选择的是进口的白蜡木——也就是我们常说的水曲柳。

做实木榫卯结构用到的工具当然还是老三样：台锯、平刨和台钻。另外，方孔开榫机或者手凿也是必需的。

TIPS

常用的木材中有很多都具有硬度较高的特点，适合做这类窄边框的大尺寸作品，如榉木、柞木、橡木、水曲柳、硬枫，或者其他硬杂木。鉴别木材硬度是不是够高，有非常简单的方法，即用指甲划一下木材表面，如果感觉很轻松地就划出痕迹，那就说明硬度不够。

●**制作过程**

　　首先根据设计尺寸选择好木材。穿衣镜总高1.6 m，边框宽50 cm。所有的木料都是厚2.5 cm、宽5 cm。

　　用平刨、台锯把木料处理方整，然后切割成5 cm宽的料。再使用斜切锯按照每一根料的尺寸把材料切断备用。需要注意的是要留出榫头的长度。

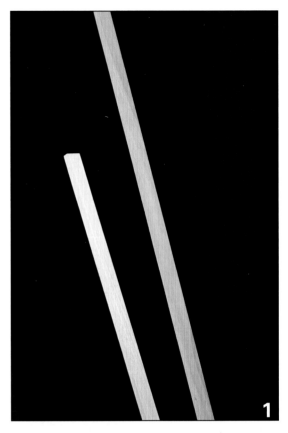

然后用划线规划出每一个榫口的位置，用台钻加凿子或者方孔开榫机开出榫口。

这里需要注意的是，两只"脚"的榫肩是有角度的，具体角度可以因人而异，可根据您的实际情况来确定。用台锯同样可以简便地制作出带角度的榫肩——您只须把台锯推板调节到相应角度就可以直接锯切了。

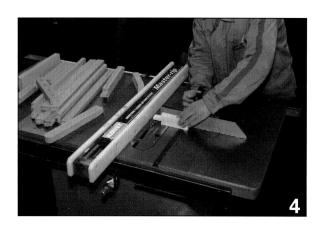

所有的榫口都制作好以后，还要给镜子做固定槽。用倒装雕刻机台或者镂铣机上直刀，把要安装镜子的4条木方铣出大概1.5cm宽、1cm深的槽。

现在所有的木料、榫卯结构都制作好了，剩下的就是组装黏合了。当然，不要忘记先干连一下，查看是否有任何问题。

8

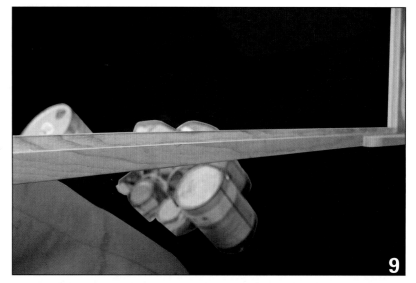

9

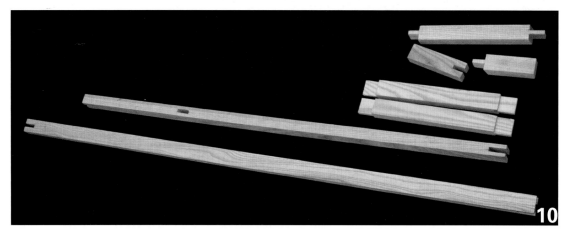

10

很酷的人形穿衣镜

榫卯的安装需要借助橡胶或者木质的榔头。榫卯的松紧以较紧为好——刚刚能敲进去，不会轻易掉出来的榫卯就是合格的。

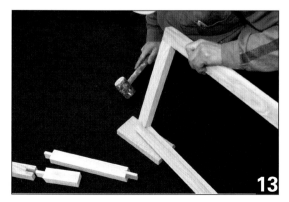

在安装"脚"时，您会发现因为榫头是直着做的，但是安装后因为有角度的关系会有部分榫头露在外面。您只须把它锯下来就好，没有必要浪费时间做一个同样角度的斜榫。

然后就是用管夹把所有榫卯结构都夹持起来，等待胶水干透就可以进行修补、打磨、上漆等后续工作了。现在，可以利用这段时间量好镜子的尺寸，去市场切割一块镜子备用即可。

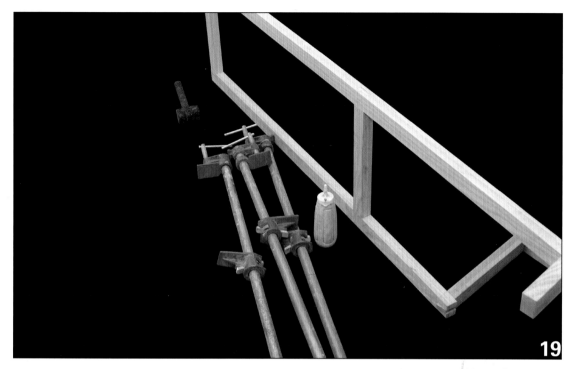

19

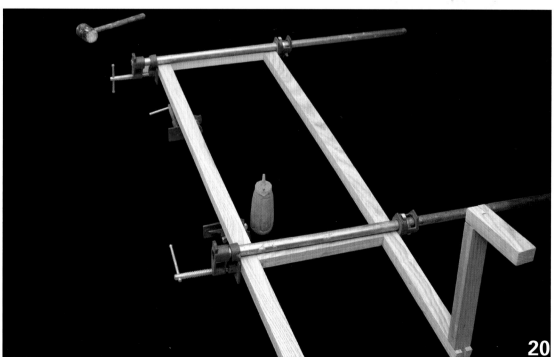

20

木工与生活·从DIY开始

等待粘牢后，把镜子放到开好的槽中，盖上和镜子尺寸相同的三合板，然后用事先准备好的木条把镜子压住并用螺丝拧紧。

21

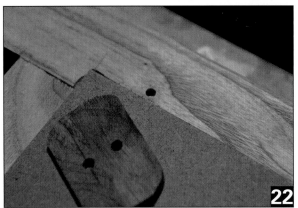

22

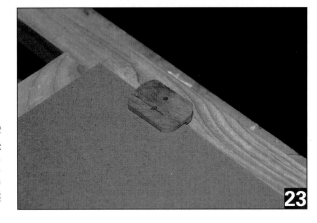

23

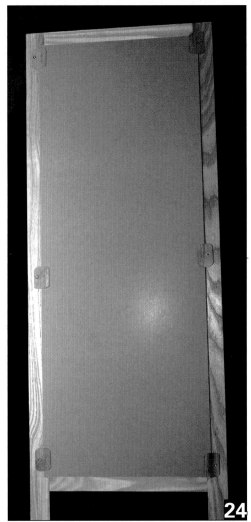

24

最后就是根据您的喜爱涂刷各种颜色。这里我们选择了透明木蜡油来涂装。

本例制作步骤如图1~图24所示。

●难点解析

这个制作唯一需要开动脑筋的地方就是选择合适的角度来切割腿部的斜榫。不同的角度决定了镜子靠在墙上的倾斜度。如果您设计好了最后镜子的倾斜度，就要据此来计算腿部的斜榫角度。

●技能小结

这个制作是一个纯粹的榫卯结构练习。所有的连接都是榫卯结构，并且包含了半透榫、透榫、斜榫等各种形式。如果您很好地完成了这个项目，那么您的制榫技术和经验会得到很大的锻炼和提高。

儿童实木高低床

看到这里，您也应该对木工的制作有了一定的了解。任何复杂的家具或者木工作品其实都是很多简单制作的集成，用一个现代术语来说就是"系统集成"。您只要学会了基本的技术、基本的榫接，再掌握一些系统集成的要点，就可以应付任何看起来很复杂的项目。

比如题图的这个儿童高低床，实际上就是简单的框架结构的组合。床架是框架，梯子是框架，护栏就是把梯子横过来做……下面我们就来详细讲述一下制作过程。

●设计图

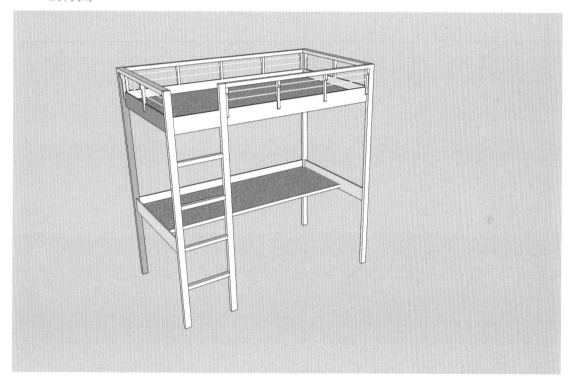

从图中可以看出，这个儿童高低床设计成上面休息、下面学习的传统式样。大部分的床都是同样的结构。我们把床的短边部分称为"腿"，长边称为"撑"。单层的床一般没有护栏，而双层的床因为比较高，为安全和上下方便起见，都会加装护栏和上下用的梯子。因此，这个看似复杂的床其实可以简单地分为以下5个部分。

1. 腿，分左右两组。

2. 撑，上面两条，下面一条。

3. 护栏。

4. 梯子。

5. 学习桌面板/床板。

以上5个部分需要逐一制作，然后再把它们连接起来，就完成了整个作品。单层的床基本上都是只有1和2两个部分，无非可能床腿（床头、床尾）部分设计得稍微复杂些。

●材料与工具准备

床是需要天天使用的家具，因此应该选择一些结实耐用的木材制作，例如榉木、水曲柳、橡木、榆木等硬木。如果是儿童床，因为使用时间较短，也可以选择落叶松木或者其他较为经济的材料。在使用较软的木材时，为了达到足够的使用强度，相关构件的尺寸也应该有所增加。

至于用到的工具，还是遵循实木原则，如前面章节所用到的几类电动或手工工具。如果您需要做一些复杂的造型，可能会用上车床或者电脑雕刻机这样的工具。其实，很多造形复杂的部件是可以在木材市场买到或者订购的——这样可以节省大量的工作时间。

●制作步骤

这个儿童床的整体设计尺寸是180 cm长、100 cm宽、180 cm高。床板位置的高度是150 cm，桌面的高度是60 cm，宽度是50 cm，护栏高度是20 cm。我们这里选择的材料是红胡桃实木。

腿部制作

首先把4条8 cm×6 cm的腿料四面刨光。在腿料距一端分别150 cm和60 cm的位置开出相应的榫口，把做好榫头的横撑板涂胶后连接，并用管夹固定备用。

1

长撑的制作和连接

因为设计床长180 cm，而这里我们会使用专用的床撑连接件，所以床撑无须留出榫头的长度。这里撑的长度就是180 cm−2×8 cm=164 cm。3个撑都是同样的长度。

然后在撑板上画出安装五金件的位置。

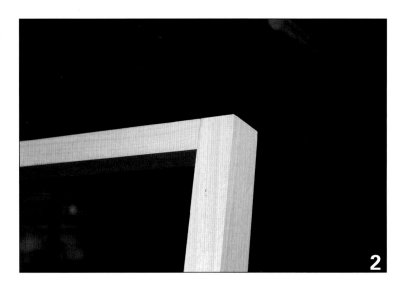

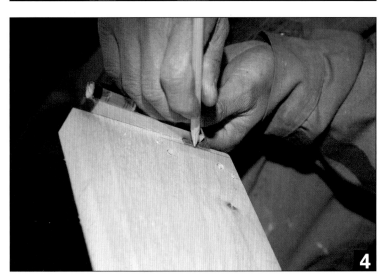

5

6

7

把挂头用螺丝固定到画好的位置上。

在床腿的相应位置上把挂钩也用螺丝固定好。

这两片五金的连接方式如图所示，即简单地挂上去

压紧即可。

让我们来看看，是不是床的整体结构很容易就构架起来了。

8

9

护栏制作

首先用台锯平刨准备好14根护栏杆的材料，然后在准备好的方料上画出护拦杆的样子。

用带锯沿着画好的线锯出大形。

11

12

10

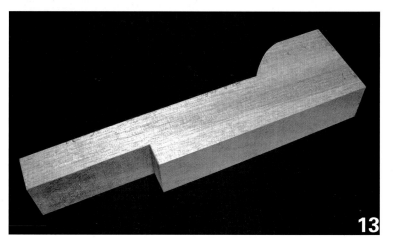

13

设定好雕刻机倒装台，因为栏杆厚度达到4cm，所以需要使用加长的轴承直刀。把事先做好的栏杆模板用小钉子固定到毛料上并靠着轴承铣出形状就好。

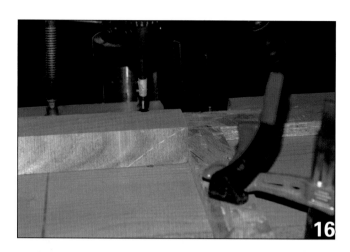

然后以事先买好的不锈钢管的直径为依据，用台钻在栏杆上开出用以穿进钢管的孔。为了保证所有栏杆上所开孔的位置一致，我们做了一个简单的定位台钻夹具。

这个夹具就是在台钻台面上夹一个T字形的限位框，打孔时保证每根栏杆都方向一致地靠在这个夹具上。这样就可以保证孔位置的一致性。

做好所有的栏杆后，穿进钢管干连一下看看效果。

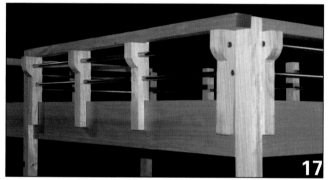

栏杆和床的连接我们选择的是8 mm内嵌螺母和螺杆，这样保证了安装的方便性。

内嵌螺母需要用内六角扳手拧进事先打好的预置孔内。

安装好螺丝后的样子如后图所示。

19

20

21

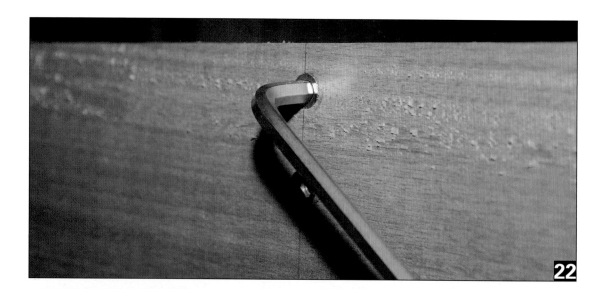

22

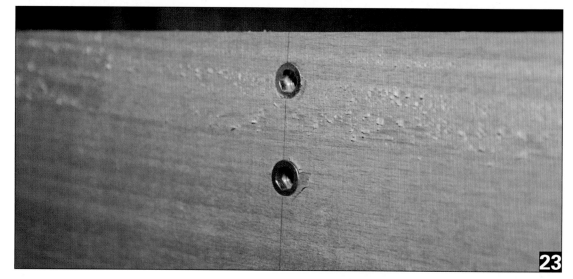

23

24

梯子

梯子的结构也很清楚。首先做好两根180cm长的木方。用台锯+Dado锯片在木方上开出5对容纳踏步的半槽，以及和床撑连接处的宽槽。

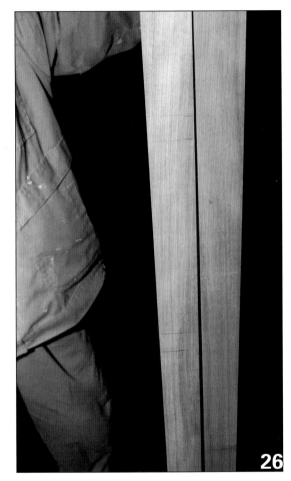

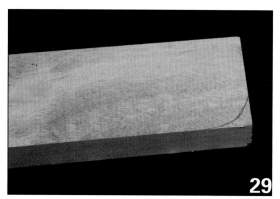

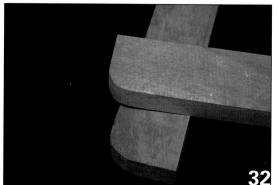

然后把准备好的踏步板用带锯锯出前端的弧度。

把加工好的梯子部件干连在床体上，看看是否有尺寸不合适的地方。

确定没有问题后就可以涂胶黏合梯子组件了。

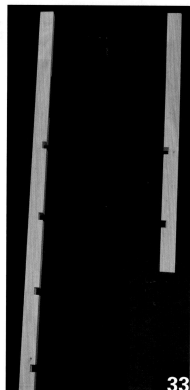

35

桌面

桌面就是简单的一块胶合板。为了增加美观性，我们在正面贴上整张的人造革，并且在将来使用者面对的那个边用水曲柳实木封边。

粘贴人造革使用常见的万能胶，您可以用一个小桶和小刷子来涂刷胶水。

粘贴方法就像给手机屏幕贴保护膜一样，您需要找一个朋友帮忙，一边粘贴一边用塑料刮板或者圆柱形木棍（例如擀面杖）使劲赶压皮子，把气泡和不平的地方压平即可。

36

37

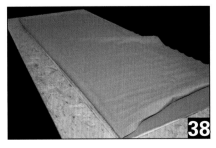
38

床板托和床板

因为儿童床不适合使用成品弹簧床垫，因此需要做一套床板托来承托床板。为了结实耐用，请尽量使用较硬的木材来制作床板托。我们选用的是以前剩下的水曲柳边角料。

首先用台锯在床板托撑上开出容纳板托的槽，然后用螺丝把板托撑拧紧在床撑上，再放入床板托条即可。

最后只要按照床框内部尺寸，把集成材切割成型放上去就可以了。制作桌面的支撑时，也使用了同样的方法。

39

40

41

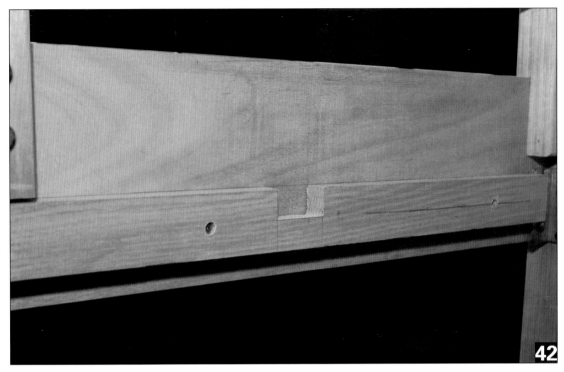
42

43

45

44

涂装和总装

　　所有的部件都做好后，您需要分别仔细用120目～320目砂纸将部件仔细打磨光滑，去掉所有的棱角。然后根据自己的喜好选择合适的涂料进行涂刷。 这里我们选择的是硝基清漆。

　　待漆干了就可以用螺杆把所有的部件连接起来了。

每天，DIY生活，安排新生活

46

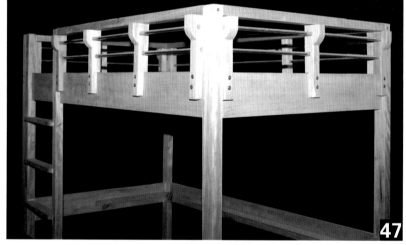

47

组装

按照设计，所有部件都可以拆卸，以便于搬运和组装。

在这一环节，最好能有两个人合作完成安装。首先把左右床腿部件立好，然后把3个床撑连接到位。

把栏杆组件组装好，用螺栓紧固到床撑上。

接着放置床板托架和床板。

再把梯子固定到位。

最后放置好桌面，从下面用螺丝紧固，就完成了整体安装。

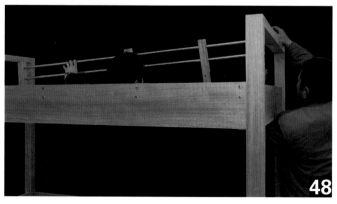

48

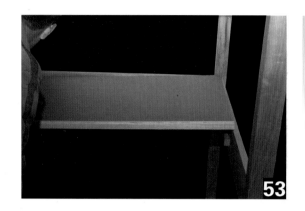

TIPS

在多个一样的部件上开位置相同的孔时，最好的办法不是画出孔的位置，而是制作一个定位夹具。定位夹具可以避免测量以及划线时的误差。只要保证每次工件都以相同的姿态紧靠夹具，就基本能保证开孔精度，大大提高了制作的效率。

至此，这个实用的儿童实木高低床就制作完成了。

本例制作步骤如图1～图53所示。

● **难点解析**

这个看似复杂的项目其实是很多简单部件的集合。所以，难点就在于您是否能把这些复杂的项目拆分开来。如何拆分才能既制作简单又保证结构的稳定，这需要您的实践才能体会出来。其实，无论任何形式的家具或者木工作品都有其结构上的规律，只要掌握了这些基本的结构和规律，简单地加以总结，您就可以制作甚至设计任何作品了。

● **技能小结**

本案例是一个综合技能练习项目，涉及到榫卯制作、家具五金件使用安装、应用模板制作异形工件等重要技能，同时也是木作中的难点。另外，对于像床这样的大件家具，最后的组装也需要比较强的技巧练习，组装完成后要确保整体的规整和稳固。